U0043441

of Things Chinese
July-August, 1972 NT$20.
CHI IESE PUPPETS
著瑤瓊

裝幀列傳

BOOK DESIGN IN TAIWAN
ELEVEN DESIGNERS
& THEIR CONTEXTS

裝幀列傳

迎向書籍設計的狂飆年代

BOOK DESIGN IN TAIWAN
ELEVEN DESIGNERS
& THEIR CONTEXTS

李志銘 著

目次

推薦序

要知上山路，需問下山人

李根在

國中同學在我當時的畢業紀念冊留下了這句話：「要知上山路，需問下山人。」國中時期因為對英、數、理化的不擅長，自己花很多時間在歷史與地理科目上。也許是閱讀了很多歷史故事，對於社會中的人情世故有了更深一層的理解，而這總也讓自己在為人處事上有個借鏡，不只在生活上如此，在專業上尤其是。

真正學習「設計」，始於就讀實踐專校時。相較於高職美工科著重在手工技術上的磨練，在實踐時老師更看重的是學生在想法和思考上的表達。當時應用美術科在謝大立老師的掌舵下，大力邀請眾多業界知名設計師，如張國雄、王行恭、王明嘉與劉開等老師前來任教授課。

喜好歷史，自然而然對台灣設計界經歷過的人事物特別感興趣。而受教於這些老師門下，不曾在課堂上聽聞他們提起自己的豐功偉業，且在那資訊流通不便的年代，關於設計前輩的作品和報導介紹等，亦不像現在輕易可在網路上搜尋得知，往往只能透過那些少之又少的設計類雜誌書刊，或是有心去光華商場的舊書攤上尋找翻閱。我即是因此陸續知曉，張國雄老師是台灣戰後第一個設計展「黑白展」的展出成員，王行恭老師是第一個跨界團體「變形蟲設計協會」的成員之一，而當時台灣幾個重要藝文活動的視覺文宣均出自劉開老師之手。

話題還是回到書籍裝幀設計這端。

二十多年前曾聽過王行恭老師的公開演講，談到從日治時代到國民政府來台後書籍封面設計的變化，第一次真實感受到政治與社會風氣對設計的巨大影響。也許這影響不僅顯現在設計上，在社會各領域、各面向都可明顯感受到。從日治時代書籍封面設計的活潑性，到國民政府來台後，受到白色恐怖的影響，創作者為避免所繪製的圖像被誣指、密告有反政府意圖，極度蒼白的視覺構成畫面成了當時書籍封面設計的基本調性，這些過往的歷史是當代設計師難以想像的。

一九八七年解嚴後，思想開放，各領域百花齊放，附著在物件表面的平面設計隨著解嚴有更多的創意想像。思想與言論出版自由，在流行歌曲與以文字傳播知識訊息的出版業尤其展現得更為顯著。書籍裝幀與唱片封面設計在過去十多年間變成大眾關注的焦點，嚴格來說並非是突然而起的。細究整個設計發展過程，經濟發展到一個階段後，人們對於設計的需求大增，這已經超越實用取向，更多的是追求舒適生活的視覺美學感受。而在各項設計類別中，唯獨書籍封面裝幀和音樂專輯的設計師最為大眾所認識。個人觀察除了因為書籍和音樂專輯是少有會置放設計師名字的品項外，相較於商業類型的廣告設計或是為企業發想視覺識別形象，文化與大眾流行文化類型的設計，對設計師而言更能發揮創意。

在一九八〇年代前，台灣關於本土設計歷史的學術性研究始終付之闕如，大約是因為台灣設計學門是以技術職業教育為始；直至一九九〇年代後，大專院校的設計科系如雨後春筍般成立，接著又紛紛開立專門研究所，這才逐漸從以技術人才養成為主的技職教育，延展至專業的學術研究範疇。其中，本土設計史論雖不是研究所熱衷的題目，但如林品章與姚村雄教授等，亦開始針對日治時期平面設計進行各面向的研究。當然，被歸類為「歷史」是必須經過一段長時間的沉澱，於此，志銘對台灣戰後書籍裝幀設計相關人事物的蒐羅、爬梳與書寫，無疑補足了重要的一塊拼圖。

幾年前便拜讀志銘的《裝幀時代》、《裝幀台灣》二書，書中梳理了國民政府來台後的近代書籍設計風景，以人物為經、作品為緯的方式，介紹過去數十年來的書籍設計師和其作品。這樣系列性的書寫，可讓讀者依循時間的遞嬗次序看到台灣書籍設計的樣貌與變化。而從書籍設計的形式風格，對照當下的政治與社會氛圍，更可讓後生晚輩更清楚台灣過往書籍設計的發展過程。

《裝幀列傳》是志銘以台灣書籍設計為主題的第三本，時序也往後推展到一九七〇至九〇年代，書中介紹的設計師不乏是曾教導過我的老師、認識的前輩，或是久仰大名卻從未當面認識的前行者。從書中的敘述看到這些設計前輩走過那個時代，沿途遭遇種種困難，留下深刻的創作軌跡。從他們的作品中看到的不只是視覺形式與風格，更多的是面對當下現實社會環境與保守文化氛圍，仍堅守文化本質與高度的態度。以設計作品詮釋當下環境，同時亦可觀照到文化對設計美學的深鉅影響。

台灣的書籍設計受到現實政治發展影響頗大，對照於中國與日本等，台灣在歷史上似乎永遠處於非主流的狀態，而在這樣長期被殖民的過程中，身處時代洪流中的台灣人似乎始終無法找到自信。自信，無關好壞，而是清楚知道自身的優缺點。或許從過往歷史脈絡中去梳理並找到自身文化上的優缺點，清楚看到問題後，才能真正建立起屬於自己的信心，卓然於世，不亢不卑。

（本文作者為設計師、台科大工商業設計系專任副教授）

推薦序

重現風華

吳卡密

不知道從何時開始，臉書會跑出回顧過往今日的動態，提醒你某一年的此時，你在做什麼、想什麼、經歷什麼事。在我開始寫《裝幀列傳》推薦序時，臉書回顧了二〇一〇年《裝幀時代》新書發表會當天的照片，這個巧合，提醒了我，這本書就是一個傳承，一個延續。

《裝幀時代》是一個起點，也是志銘第一階段的努力成果。一開始，他應該沒想到這是一趟漫長的創作旅程，在完成第一本裝幀大師的介紹後，他也愈發感覺到：這些曾經輝煌一時的創作者、產量豐富的插繪家，如果不把握機會對他們進行訪談，這些記憶、經歷終將會隨著時間慢慢地流逝，許多寶貴的創作過程和經驗就無人知曉了。

在陪志銘和郭英聲老師進行關於凌明聲（一九三六—一九九九）的訪談時，經由郭老師口述，加上當時的地點、人物，當所有資訊一切到位時，我們彷彿也能遙想當年情境：在大馬路旁，兩個瘋狂熱愛藝術的少年郎，為尋求一個畫面、一種氛圍，用獨特的觀照方式，奇異的頻率，尋找震撼心靈的強烈互動。那也正是為什麼我會想：做一個撰寫者，如果想要領略時代風華，再現歷史情境，訪談是相當重要的一個環節。時移事往，很多第一手資料，往往會隨著不可控制的因素漸漸消失，那真的非常可惜。我們同樣感受到：與其在資料堆、檔案中翻尋他們，不如把握機會，和他們面對面的深談。

為了將每本裝幀漂亮、歷久不衰的書籍的幕後工作者故事詮釋到位，志銘盡力聯繫到書中的裝幀家及其家人朋友，在訪談前做了大量準備功課，讓受訪者愈說愈起勁，包括創作過程的甘苦談，大環境的條件、社會的狀態如何成就他們的專業，那些美好的點點滴滴，經由志銘的整理再分享給大家，雖然工作量很大，但我深信這是非常重要且意義深刻的工作，因為這是呈現「人」的成就和故事。

對我來說，這次收錄的前輩裝幀家更貼近自己的閱讀歷程，例如我對傳統建築美感的印象就是從霍榮齡為郭英聲老師設計的《Images of Taiwan》（台灣映象）那大膽又傳統的設計而來。而令我印象深刻的林崇漢老師，他的作品常常出現在報紙副刊上。因緣際會，我們在《聯合文學》二九七期（二〇〇九）「舊書摩登」專題有合作機會。林老師的外表看起來非常草根，有點粗獷，和畫作呈現的氣質相當不同。我們聊起他手繪的封面作品，在非常細膩而寫實的線條下，卻營造出超現實的氛圍，畫面組成充滿驚奇，讓人感到一種縹緲和滄桑，但又充滿廣濶能量，在視覺上很是新鮮奇特。我記得當時林老師聽了之後微笑許久，說：「是這樣啊！」

當我初次見到徐秀美老師時，忍不住對她說：「真的是看妳設計的書長大！」不管是倪匡或克莉絲蒂系列，我非常喜歡她極具特色的封面。她人物水彩畫的暈染功力非常厲害，人物造型獨特，常有一雙細長迷濛的眼睛，背景的荒蕪和異次元的空間感，讓畫面充滿神祕感，超過二、三十本的書系封面記憶是無人可取代的。聊起這兩個系列時，也能感受到老師的滿意度，倪匡老師也非常喜歡，覺得她是最能夠詮釋他作品的插繪家。

另一個有趣的例子是王行恭老師。王老師是位舊書、舊文物的愛好者、收藏家。在《裝幀列傳》裡，王老師是我最熟悉的人，因為我從小在父親的舊書店幫忙，小時候總覺得老師是個又帥又時髦的長輩，加上不同於大多數人留學美國，老師選擇留歐，但作品卻又非常古典優雅，甚至傳統懷舊，對我來說，這是很有趣的反差。書籍設計，絕對不是只指封面，還需要經由裝幀、內頁編排、紙張的選擇運用，完整呈現作者的創作意念。這是王老師一直想要推廣的，一如多年來他在金蝶獎等書籍設計推廣的貢獻，我想這也是一種使命感。

拉雜細數，可以看到這些大師跟自己的閱讀歷程是如何緊密聯結。圖像永遠都是讓人記憶深刻的，藝術與文字的結合能夠跨越時代，而經典則是能夠超越時空。隱身在作品背後的他們，可能也需要很多的機會或訪談，才得以窺見內心真正的創作動力和想望。志銘比我們更了解這些創作者，如何用最真實生動的文字來論述、分享他們一生的努力，點亮他們的成就，這是一種挑戰。我在志銘的文字中嗅到興奮和嫉妒，在我們來不及參與的年代和創作歷程中，志銘不斷地挖掘、探索，呈現的不只是他們一生努力的過程，某種程度也展現了一個時代的美學、社會氛圍與流行文化，這些前輩大師豐富了台灣裝幀的內容，也幸好有志銘為他們留下一份寶貴的紀錄。

書籍設計是很多年輕人嚮往的工作，這本厚實的《裝幀列傳》沒有為設計錦上添花，老師們都再三強調，在基礎教育之外，廣泛涉獵群書、對生活多方面觀察，都可以讓他們在創作時更刺激靈感，這也是為什麼他們能在這份工作中獲得成就。《裝幀列傳》是藉由對專門領域的撰述與分享，給予大家積極正面的能量，提醒要對自己的人生投注熱情和夢想，而專注執著，是每個成功夢想家最重要的付出。

對志銘來說，這是龐大又漫長的寫作計劃，也許不是初衷，卻不小心一步步深陷其中，因為我們對舊書的熱愛與挖掘，一直都樂此不疲。我想，以裝幀來寫部文學史應該是下一個目標吧！我也期許自己和舊香居能給他更多協助，讓這一部分盡早完成，對於讀者，對於台灣的書籍史，都會是令人值得期待的！

（本文作者為「舊香居」店主）

緣起

走過狂飆年代的書籍設計

話說這幾十年來，台灣已有多少一時興起、卻無法讓人長久感動的東西？時間是最公正的裁判。

有些作品能夠百看不厭歷久不衰，那就是經典。誠然，提及所謂「書籍裝幀」（Book Binding）、「封面設計」（Cover Design）也自不例外。

就「設計」的發展過程而言，台灣島內總是相對欠缺了對於過往「歷史脈絡」（Historical Context）的傳承及深化（一般來說設計史也並非業界顯學）。關於一九五〇、六〇年代西方大躍進的設計現代化過程，現下絕大多數成長於一九八〇年代後的新一代年輕設計師，幾乎未曾經歷早年純手工繪畫、完稿的技藝洗練，就直接跳到數位時代新的設計思維、新的視覺工具，亦不了解過去設計界的前輩們到底曾經做過哪些挑戰、進行過什麼樣的革命？於是乎，在欠缺縱深思考以及商業速食文化的影響下，有些作品往往流於表面的拼貼或模仿（君不見近年來層出不窮的設計海報抄襲與封面

「撞衫」事件，其中又特別深受當代日式風格設計之影響），只因覺得它很酷或很屌，甚至不乏強調純粹性、標榜「極簡即流行」的現代設計觀，只是孤立地談風格、造型、顏色（主要偏愛黑、白、灰等無色彩）、結構，卻很少回過頭來省思或了解自身美學文化的歷史根源究竟從何而來。

從《裝幀台灣》到《裝幀時代》

《周禮》〈考工記〉有一段話：「天有時，地有氣，材有美，工有巧，合此四者然後可以為良。」

回看二十世紀初，伴隨著西方印刷術的傳入，傳統線裝木刻形式的書籍裝幀逐漸式微。中國最早的現代書籍設計，其源頭可溯至一九三〇年代魯迅、陶元慶、錢君匋等人的新文學版本裝幀。與此同時，位在海峽另一端的台灣，正處在日本殖民統治期間。

當時在日本出生、自幼在台灣度過童年時光的日籍詩人小說家西川滿[1]（一九〇八—一九九九）與「灣生」[2]版畫家立石鐵臣[3]（一九〇五—一九八〇）等人，對於台灣民俗風土的深切喜好，毋寧提供了他們在書籍美術造型以及文學創作上的豐厚資源。

作為近代台灣最早推廣藏書票文化的先行者、且熱衷與木刻藝術家合作出版裝訂書籍而被稱作「限定私版本の鬼」的西川滿，在他長居島內、堪稱生命中最浪漫輝煌的三十六年裡，先後創設了「媽祖書房」[4]、「台灣創作版畫會」[5]，耽溺於自製「限定本」的造書事業，在台灣民俗版畫裡融入常民生活題材，一冊冊灌注了愛書的熱情，製作出許多精緻絕美的限量手工書[6]。

根據拙著《裝幀台灣》一書所

述，這些作品無論是在美學藝術或其印刷工藝的質感呈現，迄今仍為台灣近代書籍裝幀史上難以超越的一道高峰。

其後，走過日本殖民統治五十年，及至戰後一九五〇、六〇年代，此時台灣正值西方現代思潮（包括存在主義、新小說、意識流、現代主義）大量湧進島內，年輕人開始不斷試驗、摸索並創造新的藝術形式和風格，一如另部拙著《裝幀時代》書中所言：彼時甫從中國大陸渡海來台的第一代美術設計工作者，如廖未林（一九二四—二〇一一）、龍思良

當年西川滿自製出版的限量珍本圖書，一律嚴選使用最高級的手漉和紙、天然素材提煉出的顏料，以及特別訂製的鉛字印刷，搭配立石鐵臣和宮田彌太郎的木刻版畫，同時刊行兩種各異其趣的雙封面版本，因而造就了所謂「西川滿式裝幀法」的華麗風貌。（吳卡密攝於台北龍泉街「舊香居」）

（一九三七—二〇一二）、黃華成（一九三五—一九九六）、高山嵐（一九三四—）、楊英風（一九二六—一九九七）、梁雲坡（一九二七—二〇〇九）、朱嘯秋（一九二三—二〇一四）、陳其茂（一九二六—二〇〇五）等人，陸續對純藝術創作的「獨一性」產生了質疑與反思，過去從事封面設計的畫家（藝術家）角色也開始產生變化，所謂「美術設計」、「圖案設計」亦逐漸從藝術這門學科當中獨立出來，成為一門新興的專業。他們大多熱衷於現代文學、音樂、電影等藝文活動，並且藉由協助藝文界友人繪製書籍封面的實務操作而體認到，原來「設計」才是現代藝術的起點。

人們回顧過去，不光只是為了懷舊，有時更是為了參照當前的一些想法。

對於從日治一九三〇年代以降，截至戰後一九七〇年代中期左右的裝幀設計發展，《裝幀時代》先以個別人物為經，《裝幀台灣》復以視覺風格和歷史事件為緯，兩方相互穿針引線、縱橫交織，筆者即由此試圖歸納、理解台灣早期手工圖繪時代的書籍裝幀「設計美學」，以及其與土地、歷史和社會脈絡之間的關係。

俯瞰《裝幀列傳》的設計家群像

走過一九七〇年代、準備邁入下一階段的十年，那是一個台灣社會甫迎來經濟起飛，國民所得逐年成長，房地產和股市不斷狂飆，人人都在為經濟打拚的時代（「台灣錢淹腳目」指的就是一九八〇年代這段時期）。這年代雖很不平靜，卻挾有其獨特的生猛氣味，樸素而有力。再者由於政治上的解嚴、黨禁報禁的解除，更讓累積已久的民間力量瞬間迸發，致使各種倡議思想百家爭鳴、社會運動遍地烽火，甚至包括出版文化也都出現了前所未有的產業劇變。

一九八二年，《聯合報》開始採用「電腦檢排」系統以加速報業產製流程，從此之後，台灣報刊及圖書出版業者開啟了一場劃時代的媒介革命：逐漸淘汰以往著重手繪字稿的鉛印排版、開始進入以電腦排版為主流的數位時代。

重回昔日的歷史切片，那時候的台灣美術設計界到底發生了什麼事？

就在面臨「手工圖繪」過渡到「數位工具」時代分水嶺的這一年（一九八二）：凌明聲（一九三六—一九九九）四十六歲，白天在自己開辦的萊勒斯設計公司拚搏事業，晚上兼職替出版社畫插畫；三十九歲的黃永松（一九四三—）率先帶領《漢聲雜誌》團隊如火如荼地展開搶救台灣各地古蹟的保存工作；王行恭（一九四七—）三十五歲，剛從美國紐約普瑞特藝術學院（PRATT）回台的他，先是任職《故宮文物月刊》美術指導，五年後創立了自己的設計事務所；三十四歲的霍榮齡正忙於替當時剛成立不久的雲門舞集進行一系列深具開創風格的視覺設計；李男（一九五二—）三十歲，方進入《中國時報》「人間副刊」擔任美術編輯，後來也同時兼差負責《雄獅美術》、《人間》雜誌的美術設計；二十一歲的呂秀蘭（一九六一—）甫從國立藝專美術印刷科畢業，旋即在雄獅美術公司工作，六年後創辦了名聞遐邇的「民間美術」工作室，以出版手工筆記書獨領風騷。

上述這幾位當時最富盛名的美術設計工作者，整體來說，皆有別於上一代在戰前出生，以手繪圖像為主要創作內容的廖未林、龍思良、高山嵐、梁雲坡、朱嘯秋與陳其茂等前輩（按《裝幀時代》所述，這群人在一九七〇年代中期以後幾乎完全隱退），經歷了被史家稱作「狂飆時期」、台灣社會風起雲湧的一九八〇年代，他們的創作與設計事業大抵都正值意氣風發、精神體力全在巔峰狀態。

就圖書市場而言，一位具有代表性的傑出書籍設計工作者，不僅作品要有鮮明的個人美學風格，更重要的是，也得累積某種程度以上的作品數量（以本書收錄標準，一般能夠在舊書店找到的，個人設計封面至少要超過三十本以上）。因此，同為一九七〇、八〇年代這段期間相對活躍的凌明聲、黃永松、王行恭、楊國台、霍榮齡、林崇漢、徐秀美、吳璧人、阮義忠、李男與呂秀蘭等，他們的各類設計作品（包括海報設計、書刊插畫、封面裝幀等）平均來說都有相當明顯的市場可見率與創作質量，故而收錄於《裝幀列傳》當中。

除此以外，他們本身往往也都相當注重設計界（或者有關視覺藝術跨領域創作）同行友人彼此之間相互激勵、交流、切磋、分享的夥伴關係（包括像是淩明聲當年曾和一群攝影界好友共同發起成立「V-10 視覺藝術群」，而王行恭、楊國台、霍榮齡等人早年亦皆曾參與「變形蟲設計協會」，相約每年定期舉辦聯展活動），並且更重視新一代人才的培養，比如黃永松的漢聲出版社，至今儼然已成了孕育幾代編輯新人的搖籃（早期遠流台灣館、兒童館的編輯基本皆來自漢聲），而後由呂秀蘭一手創立的民間美術也不遑多讓，有些員工儘管已經離職多年，卻仍深深感念當年民間美術給予的環境滋養。

想像「書卷氣」：一種美妙的聲音

記得曾經有小說家形容翻開書頁攪動空氣猶如蝶翼振翅飛舞，我以為書籍裝幀也該是一種聲音的呈現。

於此，我不禁想起先前和《漢聲雜誌》發行人黃永松進行訪談時，令我動容的某些記憶片段。「你只要好好做事，必然會有人來幫你忙。」黃永松說道。他在《漢聲》從事田野調查與出版工作四十多年，直到現在，其實都是「心無罣礙，一心做著自己想要做的事。」

其間我順帶提到了，《漢聲》出版每一本書的開本大小跟裝幀樣式都大不相同，用紙也很特別。

對此，黃永松表示：《漢聲》的每一本書都是一個新生命。因此當初他選紙印書，過程中就是一直在跟紙廠的師傅商量，相互討論如何解決吃墨過多、或暈開、或版壓過重等問題，不斷經過多方實驗與試印，最後才形成現在這樣的風格。在過去沒有電腦的時代，由於負責「做書」者往往必須經常跑印刷廠來回溝通，並深入理解各種印刷製程與工法，反而因此激發了某種想像力以及對紙張材料的敏感度。

「這是我們很講究的」，黃永松強調：基本上這個就叫作「書卷氣」，「拿起來是軟的、輕的」，而且最重要的是，「它很好翻，翻起來很舒服。」（相對於現在有些設計師做出來的書封外觀美則美矣，實際上卻很難翻，也不好閱讀。）

語畢，黃永松童心未泯般翻動著手上的書冊，一頁又一頁，蕩起了層層疊疊的漣漪，在空氣中，我彷彿聽見美麗的蝶翼擦過耳旁的聲音，窸窸窣窣、翩翩飛舞。

但願，往後每逢遭遇波折困頓的當下，我都會牢牢記住這樣的聲音、這樣的感動，並且時時刻刻不忘初心。

註釋

1 西川滿，一九〇八年生於福島縣會津若松市，三歲時隨家人遷居來台，在台北大稻埕附近度過了童年歲月，昭和二年（一九二七）三月返回日本就讀早稻田大學佛文科（法國文學系），畢業後（一九三三）又來台居住，曾短期出任《臺灣日日新報》文藝欄及「臺灣愛書會」發行機關誌《愛書》期刊編輯，直到三十九歲（一九四六）終戰期間引揚歸國。

2 意指在台灣出生的日本人。

3 立石鐵臣，一九〇五年生於台北城內東門街，八歲那年隨父親調職舉家返回東京。一九三五年，立石鐵臣與西川滿等人成立「版畫創作會」，陸續蒐集、創作與台灣鄉土民俗有關的版畫作品，並發表同人雜誌《媽祖》。自一九四一年《民俗臺灣》創刊號起，立石鐵臣便開始長期連載膾炙人口的「台灣民俗圖繪」，以圖文並茂的方式詳實描繪了上世紀三〇、四〇年代島嶼庶民日常生活和風土器物，這些作品不僅僅是他深入台灣民間社會進行田野訪查的寫生記錄，同時也訴說著他對台灣的真情與依戀。

4 「媽祖書房」創設於一九三四年九月，同年十月刊行《媽祖》期刊。一九三八年三月，《媽祖》出刊至第十六集停刊，「媽祖書房」改名「日孝山房」，取家傳《孝經》所云：「孝心藏之，何日望之」的寓意。

5 一九三五年五月，立石鐵臣、宮田彌太郎與西川滿等人共同組織「台灣創作版畫會」，主張版畫家應該「自畫、自刻、自印」，會址即設在西川滿台北自宅的「媽祖書房」。立石鐵臣、宮田彌太郎兩人自此長期擔任西川滿發行書刊的封面裝幀與插圖繪製工作。

6 平日閒暇時，西川滿便即四處收集老布料、紙張，因他認為手工書就是要用老材料來製作才有韻味。

凌明聲

Ming-Sheng Ling

傳遞溫暖童趣的療癒系

生命力頑強的小巨人

已故美術設計家凌明聲（一九三六—一九九九），曾是戰後一九六〇、七〇年代台灣藝文界與設計界赫赫有名的風雲人物。

大學念的是工商管理，曾跟隨書畫大師溥心畬學習國畫、書法，凌明聲的作品自有風格，線條大膽、構思新穎，作畫時全靠靈感。而為了怕靈感枯竭，他不斷嘗試各種媒材的藝術創作。早年他對攝影近乎狂熱，也常替藝文界的朋友繪製書刊插圖、設計海報，後來又一度迷上了木刻版畫，還拜廖修平為師，甚至連舞台布景、服裝造

我不是在畫一個插圖，而是在設計一個插圖。

李紹榮提供

型、室內設計等也都可見他的身影，成績斐然，堪稱十八般武藝樣樣俱全。

幾乎在每一幅手繪圖畫作品中，凌明聲都會留下他特有的題款簽名「SUN」，意即英文單字「太陽」，代表活潑、開朗，象徵喜樂，同時與他名字裡的「聲」字諧音。

認識並了解凌明聲的人，往往會敬服他平日待人處事的坦率和堅毅。儘管天生外表缺憾，個頭只有一百三十公分，但天秤座B型、個性爽朗直率的他，憑著樂觀的生活態度和對生命的熱愛，得以自信滿滿、氣宇軒昂地站在大家面前。尤其面對藝術創作時，他的精神高度與器量很高、很廣，說做就做、毫不畏縮，是個不折不扣的「小巨人」。

凌明聲畢生努力工作，也重視生活情趣、強調衣著品味，還喜歡談女人，用作品歌頌風華卓絕的美女，甚至把新婚太太的藝術照高掛在家中客廳。平心而論，儘管他的繪畫基礎與技巧並不是最好的，但卻具有敏銳的觀察力，以及敢於探索、不斷嘗試新概念的勇氣。在短短六十多年的生命旅程中，凌明聲活得愉快而突出。

凌明聲的居家生活，中間站立者為凌明聲，約攝於1980年代。（李紹榮提供）

《藏在幸福裡的》，郭良蕙著，1966，新亞出版社，封面設計：凌明聲

「裝甲兵」的年少歲月

對日抗戰爆發的前一年，凌明聲出生於浙江紹興，父親凌鉅元在上海從事紡織生意，家境優渥、門風嚴謹，凌明聲從小即在父親的嚴格督促下練字、習書法。童年時期住過上海、杭州，置身於十里洋場的旖旎風光、百樂門的錦歌繁華，耳濡目染下，使得凌明聲骨子裡有著上海人的風趣幽默。他認為在日常生活當中就是要懂得幽默、自娛娛人，才能夠享有真正的快樂。

六歲時罹患脊椎結核症的他，成長過程比一般人坎坷，甚至一度病危，從鬼門關外轉了一圈。彼時的上海雖然是大都市，家裡的環境也不錯，靠著親人的照拂和幾分運氣，病情雖未見惡化，卻也無法好轉。之後，凌明聲隨家人輾轉來台，寓居在台北市南京東路。初中一年級，凌明聲十五歲，因痼疾發作，在床上躺了一年多，有一段時間甚至不能下床走路。「幼年的病變，使我身體因而積弱變形，強忍嘲弄中過完了童年，也掙脱了死亡的陰影。所幸，稟賦的堅毅與達觀的個性使我愈挫愈強。」[1]如是，凌明聲坦言遭此大難之後，生命反而更具韌性，能夠坦然面對困境，也因此養成了他往後一貫樂觀、

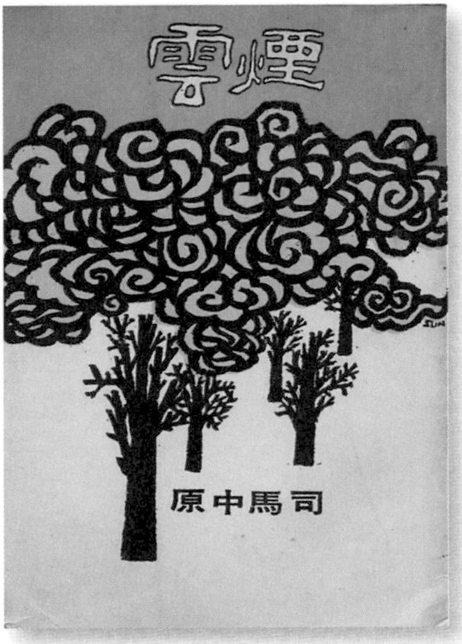

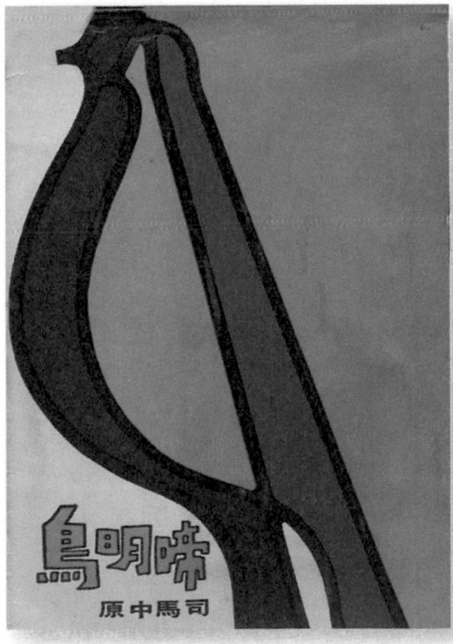

《弄潮與逆浪的人》，孟瑤著，1973，皇冠出版
《煙雲》，司馬中原著，1970，皇冠出版
《上昇的海洋》，許家石著，1976，聯經出版
《啼明鳥》，司馬中原著，1970，皇冠出版

封面設計：凌明聲

開朗的個性。

一九五三年，十七歲的凌明聲復學進入師大附中初中部就讀。當時，在醫師指示下，為了避免剛剛治癒的脊柱再遭受外來衝擊、並藉此穩定骨骼組織，凌明聲必須整天貼身穿著一件特製的鐵衣，將上半身軀前後綁起來，直到晚間休息方可脫下，同學們因此替他取了個綽號，叫「裝甲兵」[2]。

升上高一那年，在一個偶然的機會裡，透過父執輩的介紹，凌明聲正式拜入書畫大師溥心畬（一八九六—一九六三）門下學畫。「說實在的，那時候也談不上興趣或了解，而我對國畫的畫風、筆調心裡一直覺得遙不可及……溥老師的教育方式也很特殊，他一直認為畫畫是文人最下層的功夫，先決條件是要會讀書、作詩、寫字，因此我們固定花在上面的時間不少，加上他是一面畫畫、一面講解，你想學得更多，就必須有更多的時間和他接近……。」[3]念及早年這段奇妙的師生緣，凌明聲最大的獲益，並非在於繪畫方面的技藝，而是溥師對學問、對生命的獨到看法。

就讀師大附中期間，美術老師在課堂上提及「圖案畫」（Graphics）概念，讓他初步開啟了對於所謂「設計」（Design）的想像。從初中到高中的六年裡，凌明聲可說是如飢似渴、義無反顧地參加了校內所有藝文性質的課外活動，舉凡辦壁報、畫插圖、參加

1979年「中國廣播公司」主辦第八屆「中國藝術歌曲之夜」，在台北國父紀念館演出許常惠的歌劇《白蛇傳》，由凌明聲繪製海報及唱片封面。他以國畫水墨筆法勾畫在綿紙上，營造出古意，並將人物造型作適當誇張、趣味化，臉部強調平劇化妝最特殊的胭紅，髮型服裝則大而化之，種種筆觸亦可窺見他早年師從溥心畬的寫意功底。

書畫大師溥心畬（前二排中坐者）與門下弟子合照，前排左一蹲者為凌明聲，約攝於1950年代。（李紹榮提供）

書法、圖畫比賽等都由他一手包辦。而這些工作看似瑣碎，卻總是讓他樂在其中，也種下他往後投身於藝文工作生涯的遠因。

高中畢業、報考大學時，淩明聲一度想考建築系，因為當時國內尚無專為「設計」開辦的科系，故退而求其次，心想「若能當一名建築師」，一樣可以在平面藍圖上馳騁他的「設計慾」[4]。然而，淩明聲的父親卻希望他選擇比較實用的商學科系，以為未來謀求一條踏實之路。幾經考量，他選擇了商學院，進入中興大學工商管理系就讀。

設計觀念的啟蒙

大學時代，淩明聲曾經參加校內攝影社與美術社，當時他在課堂上選修了一門「廣告學」，讓他開始意識到「設計」在整個社會經濟活動以及現代生活層面所扮演的角色——包括日常習見的各種家具、服裝、商品包裝與廣告設計等，有了更深一層的認識，自此暗下決心，要朝廣告設計之路邁進。

一九六二年，「中國美術設計協會」[5]正式成立。那年淩明聲二十六歲，才剛從學校畢

【潘壘作品集】（共18冊），1977～1979，聯經出版，封面設計：凌明聲

業不久、正積極找尋機會進入廣告公司工作的他，無意間在台北西門町藝林畫廊參觀了省立師範學院藝術系（今台灣師範大學美術系）畢業學生聯合籌辦的「黑白展」[6]，展出內容包括海報、月曆、唱片封套與書籍封面等，各類作品琳瑯滿目、形色繽紛，令他眼界大開，深受感動，興起「有為者亦若是」的雄心壯志。

為此，凌明聲忍不住跑到美國新聞處，向黑白展參展者之一高山嵐請教自修設計理論的方法。當時國內設計相關的書籍仍相當缺乏，高山嵐指點他到中山北路與西門市場附近買了不少外文雜誌。凌明聲用心揣摩，認真研究版面設計與商業美術等相關知識。

有趣的是，除了美術設計與繪畫領域之外，凌明聲學生時代還有另一樣癡迷的嗜好：西洋熱門音樂（當時Rock and Roll並不叫「搖滾樂」，而是稱作「熱門音樂」）。同樣也鍾情於西方搖滾樂的老友郭英聲表示，凌明聲不僅經常參加當時在國際學舍或中山堂舉辦的Rock and Roll音樂會，對每週歌曲排行榜的變化情形，亦是瞭若指掌。據說有一次，凌明聲和同學報名中廣舉辦的「熱門音樂猜謎晚會」，該活動先設有筆試一關，同學們皆敗下陣來，最後只剩下凌明聲一人得以進入播音室，和其他參賽者進行搶答遊戲。凌明聲回憶道：「當時現場氣氛雖然緊張、令人屏息，可是只要一播放樂曲的前奏，我十之八九都可以立即猜出歌名，又快又準，叫旁人都瞪大了眼。」[7]那次猜謎比

《007情報員的故事：金鎗人》（漫畫），1967，聯合報社，封面設計：凌明聲

《007情報員的故事：你只能活一次》（漫畫），1967，聯合報社，封面設計：凌明聲

回溯昔日那個穿喇叭褲，梳理著飛機頭、蘑菇頭，聽電台播放披頭四的1960、70年代，凌明聲繪製《長腿叔叔》小說譯本的封面人物造型，明顯受到1968年英國導演喬治・丹寧（George Dunning）執導製作、以披頭四為主角，展開一連串英雄奇幻歷險故事的動畫作品《黃色潛水艇》（Yellow Submarine）影響。畫面以橙藍綠對比配色，斑斕繽紛、性格鮮明，即使四十年後的今日看來，依舊前衛且充滿魅力。

——

《長腿叔叔》，Jean Webster著，王文綺譯，1976，皇冠出版，封面設計：凌明聲賽，果然由淩明聲奪得了冠軍。

陽光下的憂鬱

二十七歲那年，淩明聲大學畢業。同年九月，瓊瑤在皇冠出版社發表生平第一部長篇小說《窗外》，書中以作者親身經歷為原型，講述了一段女學生和男老師之間跌宕起伏、離經叛道的師生戀，在當時開啟了無數青年男女對於愛情的想像。《窗外》即由淩明聲繪製封面插圖。他用現代插畫的簡約筆觸，呈現小說女主角所具備的古典美人物形象，搭配鮮明醇厚的藍色背景，更加襯托出一股憂鬱、迷濛而予人想像空間的浪漫氣氛。

一九六四年，中法斷交、石門水庫完工。甫從大學畢業的淩明聲初入廣告界時到處碰壁，經過學長韓湘寧（「五月畫會」成員）推薦後進入國際工商傳播公司擔任設計員，一年多後轉入華商廣告公司工作（待了六年），並且開始大量替出版社及報紙副刊繪製插圖、設計封面。約莫一九七〇年代左右，淩明聲的插畫頻繁出現在《聯合報》、《皇

《窗外》，瓊瑤著，1963，皇冠出版
《心園》，孟瑤著，1968，皇冠出版
《皇冠》雜誌第185期，1969，皇冠出版
《風鈴組曲》，蔡文甫等著，1970，皇冠出版

封面設計：凌明聲

冠》等藝文報章雜誌版面，激起讀者廣大的迴響，尤其是青年學生，幾乎為他那簡明、樸拙，時而帶有現代感的線條而著迷。

凌明聲性格樂觀、說話聲若洪鐘，他的作品包括封面與插圖，幾乎都是很陽光、直白的風格，讓人看了後會覺得心情非常開朗。但是，在這表面明朗的陽光下，凌明聲早期筆下許多插畫人物的眼睛卻都是空白、沒有眼珠的，或將眼睛塗上單一顏色，一如義大利畫家莫迪利亞尼（Amedeo Modigliani, 1884-1920）的作品人物，感覺很憂鬱、心事重重的樣子。有些即使畫了雙眼，人物的眼神也茫然空洞，似乎對外部世界視而不見，但卻意味著內向的自我凝視。這是凌明聲特有的一種創作語彙。

「畫插圖最大的靈感來源，就是文章的內容，」凌明聲指出，插圖本身再變，也只是格局筆觸的變，很難單獨表達它的生命力，「但在畫龍點睛的烘托功效上，卻比任何設計都來得好。」[8]

在設計與插圖觀念上，凌明聲自云受到了美國普普藝術畫家彼得．邁克斯（Peter Max, 1937- ）的影響。當年被譽為「全美國最富有的藝術家之一」、「作品既前衛又能賺大錢」的彼得．邁克斯，一九三七年生於德國柏林（和凌明聲只相差一歲），童年在中國上海與以色列度過，深受中國的古典國畫薰陶。一九五〇年代初期全家移民美國，之後進入紐約普瑞特藝術學院就讀深造，並廣泛吸收歐洲藝術思想，不久便在封面設計、海報插畫與廣告設計方面獲得極大成功、風靡一時，尤其對於美國一九六〇、七〇年代廣告與商業設計領域影響深遠，同時也出現了許多明顯受他影響的仿效追隨者，包括淩明聲在內。

後來淩明聲喜歡嘗試各種不同創作媒介，包括油彩、水彩、染色、木炭、鋼筆、彩鉛、版畫、絹印、雕塑、拼貼與攝影等，作品藝術風格多樣化，畫風簡練而寫神、人物造型鮮明突出且線條明朗，這些所謂的「淩式風格」皆與彼得．邁克斯有著密不可分的深厚淵源。

整體而論，淩明聲早期的封面設計——主要包括一九七〇年代聯合報系（聯經出版）

【法國床邊故事系列】《希望之刑》，王季文譯，1974，皇冠出版，封面設計：凌明聲

與皇冠雜誌（皇冠出版）文學書裝幀，大多屬於這類插畫式的手繪，簡單明朗、構圖清新。對此，凌明聲表示：「我不是在畫一個插圖，而是在設計一個插圖。」[9]因此他的插畫封面往往著重構圖上的設計趣味，簡約而帶有些稚拙感的造型線條就像兒童畫，且佈局構圖經常不按牌理出牌，流露出一種天馬行空卻又令人感到溫暖的氛圍。

只要是美的事物都喜歡

觀諸凌明聲的插畫，彷彿一叢藤蔓般，盤據著他大部分的思想與工作時間，但他卻不想永遠侷限在插畫領域。由於他非常喜歡攝影，所以除了圖畫手繪，也經常會使用那個年代流行的某些攝影技巧來做封面設計。例如繪製小說家蕭颯的《日光夜景》一書封面，即是透過攝影沖曬技巧裡的「色調分離」製作完成。另一本作家季季的

《日光夜景》，蕭颯著，1977， 聯經出版，封面設計：凌明聲

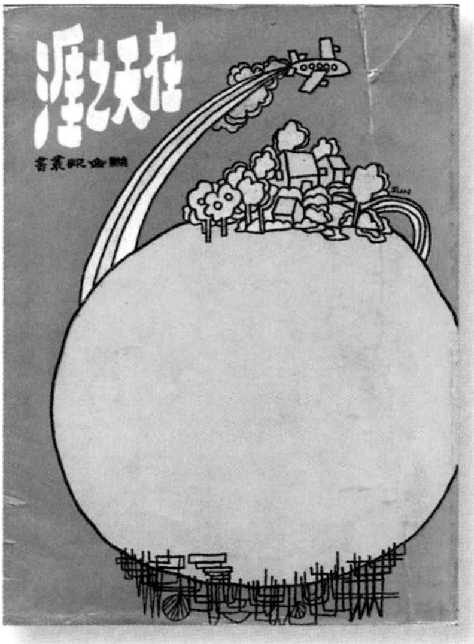

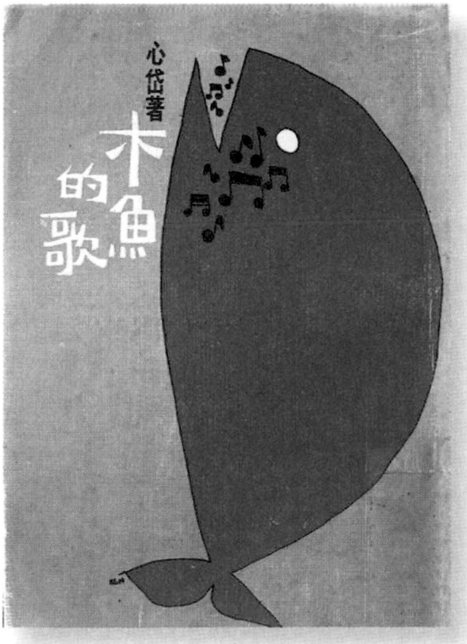

當年凌明聲和妻子李紹榮相識相戀，婚後的凌明聲，自兩個女兒陸續出生之後，不僅幫忙照料孩子，更特別重視與家人間的休閒生活以及個別喜好。根據李紹榮回憶：由於凌明聲知道女兒喜歡手帕，因此每次出差時便會特別留意、幫女兒購買，假日也會帶著女兒看展。而這份關愛之情，也反映在他的插畫作品，充滿天真童趣的畫風，就像他正娓娓訴說一句句溫暖的話語般。

——

左上圖為凌明聲替【聯合報叢書】繪製《在天之涯》封面，右上圖為凌明聲於家中畫小女兒與貓。（李紹榮提供）

《在天之涯》，1974，聯合報社編輯出版，封面繪製：凌明聲

《木魚的歌》，心岱著，1975，皇冠出版，封面繪製：凌明聲

《泥人與狗》封面，亦是採用攝影照片與圖案剪影的拼貼方式呈現。

一九六九年，時年三十九歲、剛剛從廣告公司轉職進入華視擔任美術指導的凌明聲，與郭承豐、葉政良等藝文界友人在台北市武昌街精工畫廊舉辦「幻覺設計展」。展出內容包括凌明聲的設計（主要為平面海報、插畫作品）、葉政良的攝影、沙牧的詩、朱邦復的燈光、李信賢的音響效果、崔蓉容的舞蹈。畫廊裡的每一吋空間，從牆壁到天花板，甚至地面上，都佈滿了各種各樣的美術設計、海報圖片、攝影作品，加上現場的彩色燈光不時閃爍，人們遊走其間宛如卡通影片，衣服顏色也產生變化。整個展覽現場忽暗忽亮，並播放現代音樂，讓人置身其中彷彿眼前充滿幻覺。其中，繪畫與圖案設計部分，畫面前衛大膽，色調明朗鮮豔，皆出自凌明聲之手。

同年年底，凌明聲還與胡永、張國雄、葉政良、謝震基、周棟國、劉華震、張照堂、謝春德，在精工畫廊共同舉辦了「現代攝影九人展」。一九七一年，凌明聲和其他九位攝影家——胡永、張國雄、周棟國、郭英聲、謝震基、葉政良、龍思良、張照堂、莊靈，共組視覺影像團體「V-10視覺藝術群」，以超脫傳統與沙龍攝影為宗旨，追求現代前衛的攝影表現形式。

一九七一年五月六日，由葉維廉創作詩詞、許博允和李泰祥作曲、陳學同編舞、顧

《泥人與狗》，季季著，1969，皇冠出版，封面設計：凌明聲

重光與淩明聲擔綱舞台佈景設計的「現代音樂舞蹈藝展」於台北中山堂舉行首演，演出改編自葉維廉早期詩作〈放〉的多媒體實驗作品，是台灣前衛音樂所踏出重要的一步。之後，淩明聲還與郭英聲等「V-10視覺藝術群」友人一道前往迪化街老宅，拍攝陳清汾（當年赴法習藝的第一位台籍畫家，一九一三—一九八七）家族故居的實驗電影。一九七三年更擔綱了雲門舞集創團首次演出的海報設計。

看在多年老友郭英聲的眼中，淩明聲始終不僅只是一位單純的畫家或設計家，而是比較接近於某種廣義的、能夠隨時保持多樣性、開放性、包容力的藝術創作者。

身體的孱弱，雖然使得淩明聲的童年生活沒有太多有趣生動的記憶，卻也因為病痛的體驗，讓他深刻了解到，唯有敞開心胸結交朋友，在廣闊的世界中不斷地學習（早在一九七〇年代，淩明聲便已獨自出國，前往日本大阪參觀萬國博覽會，旅途中記錄了很多有關博覽會的圖片與資料），才會擁有一個豐富而自在的人生。這種謙虛面對生活的誠懇心態，使得他不刻意強求外在

熱愛影像紀錄片的淩明聲（左）和郭英聲，與「V-10視覺藝術群」友人前往畫家陳清汾位在大稻埕的故居探勘取景，留下難得的合影。（郭英聲提供）

1969年「幻覺設計展」現場，場內有鴿子、有訃聞，也有特殊的燈光效果，甚至還可以玩球。三位作者在一起，戲稱加起來不滿八十七歲。左起：葉政良、凌明聲、郭承豐。（李紹榮提供）

1969年凌明聲設計「幻覺設計展」活動邀請函，文字刻意採用顛倒反印，讓人感覺彷彿面對鏡觀看。（李紹榮提供）

1969年「現代攝影九人展」合照，後排左方高處爬梯者為凌明聲，右方站立者為謝春德。前排左起：張國雄、胡永、劉華震、周棟國。二排左起：謝震基、葉政良、張照堂。（李紹榮提供）

1969年凌明聲設計「現代攝影三人展」（周棟國、葉政良、郭英聲）活動海報。（郭英聲提供）

的際遇，也懂得充分利用眼前的時間與機會，汲取不同的經驗。

世事如棋、人生無常

「Camera是我的心，我的眼，創作工具之一……我一直在努力肯定，攝影做為一門藝術創作，不但如此，我也在極力嘗試，企圖從攝影基本機能為起點，延伸出無限的創作意圖。」[10]一度熱愛拍攝八厘米影片和照相、甫過不惑之齡的凌明聲如是宣稱。

當年這位美術設計界的「小巨人」，不僅具有多重創作身分，涉獵興趣廣泛，更是個全力拚搏事業、勤奮務實的典型工作狂。尤其在他三十七歲那年和妻子李紹榮結褵成家以後，為了照顧家庭生計，平均一天工作超過十六小時，除了每週固定兩天上午要到銘傳商專（今銘傳大學）商業設計科授課之外，每天從早上九點到傍晚六點幾乎都在他和友人杜文正共同創立的設計公司「萊勒斯」（Lennox）上班、專注做設計案。下班回家後，晚上十點到凌晨兩點則是他兼職畫插畫的時間。而週六晚上及星期天休假日，他必定放下工作與家人團聚，或一起去看電影、或到郊外走走，拍些照片，用以準備每年參

《歸雁》，朱秀娟著，1972，皇冠出版
《想飛》，叢甦著，1977，聯經出版
《荒島奇遇記》，Enid Blyton著，葉裕凱譯，1977，長橋出版社
《長亭更短亭》，孟瑤著，1974，皇冠出版

封面設計：凌明聲

展的「V-10視覺藝術群」聯展。

一九八六年，淩明聲五十歲，已屆中年，卻還像年輕人一樣熱血沸騰，連同島內百餘位藝文界人士共同參與了一件轟轟烈烈的「文創」事業。

當時，甫從《中國時報》「人間副刊」隱退、素有「紙上風雲」美譽的資深報人高信疆再度策馬入林，以寫詩的筆名「高上秦」獨資創立了「上秦企業公司」。由於事出突然，很多人都等著看他如何走下一步棋，也有人說他離開主導十二年之久的中時副刊，等於將軍失去了戰場。

但，已決心奮力一搏的高信疆義無反顧，勇往直前，只因他偶然在國外博物館看到藝術家以西洋棋為發想的許多作品深具造型藝術之美，相形之下，中國象棋棋具顯得簡陋。為了將從宋代流傳至今的象棋改頭換面、更富藝術感，他毅然決然賣了一棟房子、設立公司，且不惜傾蕩鉅資，投資千萬台幣，自費廣邀一百位藝文界人士——包括本土民間工藝師傅吳榮賜、雕刻家朱銘、曾進財、版畫家廖修平、泥塑藝人張炳鈞、畫家陳錦芳、奚淞、孫密德、書法家董陽孜、詩人羅智成、建築師漢寶德、漫畫家洪義男、蔡志忠、鄭問等，共同參與創作立體造形象棋，並於一九八七年率先在台灣舉辦「當代中國造型象棋大展」。

1987年凌明聲設計、蔡文經雕刻的「雙面浮刻棋」。（李紹榮提供）

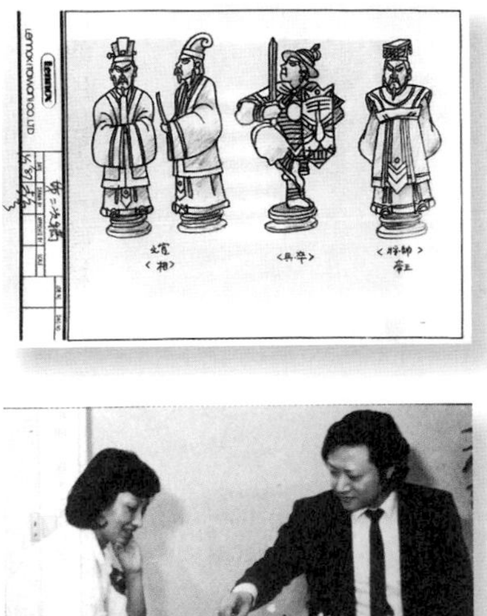

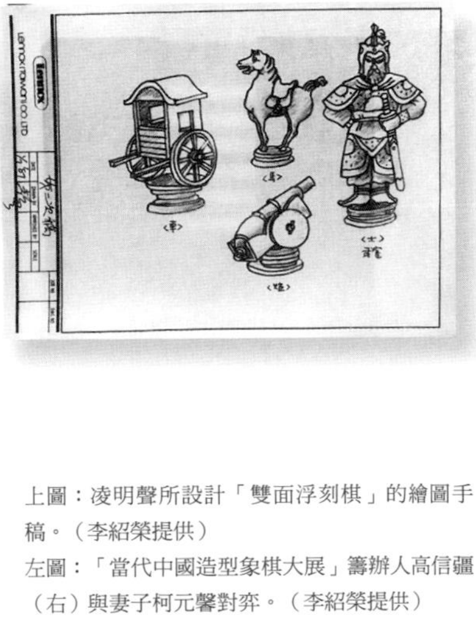

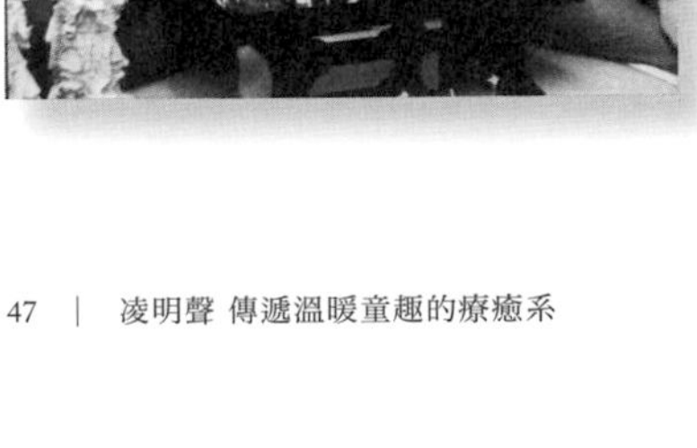

上圖：凌明聲所設計「雙面浮刻棋」的繪圖手稿。（李紹榮提供）
左圖：「當代中國造型象棋大展」籌辦人高信疆（右）與妻子柯元馨對弈。（李紹榮提供）

展覽中，淩明聲以親手繪圖設計、蔡文經雕刻的「雙面浮刻棋」共襄盛舉。彼時聲言「為中國象棋請命」的高信疆，形容自己是過河卒子，既然立下了目標，只得拚命向前。詩人瘂弦看到他們的工作成績，曾送給高信疆夫婦一句：「棋開得勝。」

可惜的是，當年高信疆為一圓「文創美夢」、廣邀藝文界人士所展現的這盤「棋局」，雖雄奇而大觀，一時之間蔚為熱門話題，然燦爛的光景卻也僅止於曇花一現。隨著展覽活動結束，那些數量有限的限定版造型象棋被買走後，如今已不復見，而高信疆當時標舉「開創象棋新世界」，並使休閒生活朝向藝術化、精緻化的精神意義也很快被這個時代遺忘。

楚河漢界，風雲叱吒，爭霸四方。
世事如棋，乾坤莫測，笑盡英雄。

這段參照上世紀九〇年代初，由徐克執導、改編自阿城與張系國同名小說的電影《棋王》台詞令讓我印象深刻。生命中，一個人的際遇起伏、聚散離合又何嘗不是如此？

回顧過往，從早期投入的平面海報、報刊插畫、實驗攝影，乃至後來繪製的文學書

《退潮的海灘》，孟瑤著，1969，皇冠出版
《喬太守新記》，朱天文著，1977，皇冠出版
《耶穌的生涯》，遠藤周作著、余阿勳譯，1973，新理想出版
《兩個十年》，孟瑤著，1972，皇冠出版

封面設計：凌明聲

回首年輕時的凌明聲，一如踽踽獨行於海邊的過客，在沙灘留下了一長串的足跡，以為歲月之印記。（李紹榮提供）

封、書籍裝幀，作為一個富涵「溫度感」的跨界創作者，凌明聲的手繪設計總是充滿幽默與活力，將色彩明亮、充滿童趣的普普風（Pop Art）視覺元素融入插畫與設計作品裡，每每流露出他對個人家庭、乃至於整個世界的熱愛，純真、浪漫、觸動人心，讓人不禁懷念起細碎而溫暖的童年時光。

無論是作品風格或為人處世，凌明聲皆堪稱是台灣早期設計界「暖男」、「療癒系」創作者的最佳代表。

然而，畢生傳遞溫暖療癒的設計之手，終究也有面對命運無常的時候。

正所謂「人有凌雲之志，非運不能騰達。」性格開朗富幽默感，喜歡所有美的事物，且永遠抱持熱情、自承生命力頑強的凌明聲，卻是萬萬沒能料想到，當他正值壯年之際，就在一九八九年的某一天，於辦公室內突然急性腦中風發作，自此因病隱退、不良於行。之後，於一九九一年與家人移民美國。凌明聲就這樣遠渡重洋、去到了太平洋彼岸，平靜安樂地和妻女們度過了他人生旅途中的最後十年。

註釋

1 凌明聲〈達觀、進取、自信、謙遜〉（未發表手稿）。

2 凌明聲，一九八九，〈裝甲兵的驕傲——凌明聲的年少歲月〉，《少年十五二十時》，台北：正中書局。

3 黃湘娟訪談凌明聲，〈惡補的聯想——現代人與多元化生活〉，一九八六．十，《雄獅美術》第一八八期，頁八一—八六。

4 凌明聲，一九八九，〈裝甲兵的驕傲——凌明聲的年少歲月〉，《少年十五二十時》，台北：正中書局。

5 當時由企業家王超光出面號召，結合了一群熱愛設計的青年藝術家，如王超光、楊英風、蕭松根、簡錫圭、郭萬春、江泰馨等共同發起，並藉助日籍設計家田村晃、安藤孝一擬訂草案，以及國華、台灣、東方三家廣告公司的資金贊助，於一九六二年成立「中國美術設計協會」（後改稱「中華民國美術設計協會」）。

6 所謂「黑白展」，顧名思義主要有兩種意涵。其一是黑色與白色之間存在著無數灰階「無彩色」，依色彩理論來說，所有色料相混成為黑色，所有色光相混就是白色，為表示美術設計的豐富性，故以黑與白來代表一切。其二是台語諧音，有「隨便展」之喻。由於當時展覽無前例可循，也未侷限於展出形式，這群同好便以輕鬆且帶詼諧的心態，定名為「黑白展」，亦為戰後台灣首度舉辦的設計大展。一九六二年七月二十六至二十九日，由高山嵐、沈鎧、林一峰、張國雄、葉英晉、黃成與簡錫圭七人共同策畫的第一屆「黑白展」在台北西門町藝林畫廊首度登場，展覽主題為「台灣的觀光」。第二屆「黑白展」則是在一九六三年六月二十八日至七月一日，於「海雲閣畫廊」（原藝林畫廊）展出，主題為「鳥」。

7 凌明聲，一九八九，〈裝甲兵的驕傲——凌明聲的年少歲月〉，《少年十五二十時》，台北：正中書局。

8 凌明聲，一九七五，〈插畫王國裡的貴族〉，《婦女世界》。

9 黃湘娟訪談凌明聲，〈惡補的聯想——現代人與多元化生活〉，一九八六．十，《雄獅美術》第一八八期，頁八一—八六。

10 凌明聲，一九七七．五．二十六，〈心與眼的結合〉，《中國時報》。

凌明聲　年譜

一九三六　出生於浙江紹興。

一九五三　十七歲，復學進入師大附中初中部就讀，被同學取綽號為「裝甲兵」。

一九六二　戰後台灣第一屆「黑白展」設計大展在台北西門町藝林畫廊首度登場，為此深受感動的凌明聲特地跑去「美國新聞處」向高山嵐請教。

一九六三　二十七歲，中興大學工商管理系畢業。九月，瓊瑤發表第一部長篇小説《窗外》，凌明聲繪製封面插圖。

一九六六　參加「光啟社」電視研習班，並開始在《聯副》發表插畫。

一九六九　五月，與郭承豐、葉政良等在台北市武昌街精工畫廊舉辦「幻覺設計展」。十二月與胡永、張國雄、葉政良、謝震基、謝春德、周棟國、劉華震與張照堂舉辦「現代攝影九人展」。

一九七〇　參與《聯副》主編平鑫濤策畫、邀請十位知名作家與十位插畫家共同合作、進行接力式集體創作的「風鈴組曲」開始連載。同年前往日本大阪參觀萬國博覽會。

一九七一　與胡永、張國雄、龍思良、莊靈、謝震基、張照堂、周棟國、葉政良與郭英聲等創始社員共十人組成視覺影像團體「V-10視覺藝術群」，並舉辦現代攝影「女」展。五月，與許博

四十餘歲壯年的凌明聲，創作與設計生涯正處於顛峰狀態，家庭、事業皆有成。（霍鵬程提供）

允、葉維廉、李泰祥、陳學同與顧重光等人共同籌劃「現代音樂舞蹈藝展」（又稱「七一樂展」），於台北市中山堂演出多媒體詩歌作品〈放〉，顧重光、凌明聲擔綱佈景設計。

一九七三　負責雲門舞集創團首次演出的海報設計（由郭英聲攝影）。同年進入華視公司擔任美術指導。

一九七四　與杜文正在台北市中華路共同創立「台灣萊勒斯（Lennox）股份有限公司」，正式步入室內設計行業。

一九七八　聯經出版社陸續出版【世界文學名著欣賞大典】（包含詩歌、戲劇、散文、小說四大類）共三十四冊，該套書由凌明聲包辦封面設計。

一九八一　與廖哲夫、胡澤民、蘇宗雄、王行恭、霍榮齡、張正成、黃金德、陳偉彬、陳耀程、王明嘉與劉開等十七位台灣設計師共同成立「台北設計家聯誼會」。

一九八七　五月二日到十日，李泰祥創作音樂劇《棋王》於台北中華體育館演出，凌明聲擔綱美術設計。同年參與高信疆在台舉辦的「當代中國造型象棋大展」，以其本人設計、蔡文經雕刻的「雙面浮刻棋」參展。

一九八九　急性腦中風初期病發。

一九九一　偕家人移居美國。

一九九九　病逝美國舊金山，享壽六十三歲。

（林秦華攝影）

創造叢書5
耶穌的生涯
遠藤周作 著
余阿勳 譯
JUN
長腿叔叔
JEAN WEBSTER 著
王文綺 譯

黃永松

Yung-Sung Huang

銜接傳統與現代的民藝美學

《漢聲雜誌》的意匠裝幀

歲月荏苒，凡流水行經之處自有生命，日復一日、年復一年，一點一滴匯聚成奔湧的大海。從一九七〇年代《ECHO》（漢聲雜誌英文版）問世以降，黃永松（一九四三—）始終堅持做自己，不惟以深入紮實的田野踏查和研究精神，孜孜矻矻於保存民間傳統，且更進一步深耕民俗文化疆域，並開啟時代風氣之先、以規劃圖書主題的模式經營雜誌，創造無人出其右的「雜誌書」[1]典範。

一系列嚴謹的專題製作，翻遍典籍、邀集專家

當我們走到了現代的盡頭，
便自然而然地回頭了，
我們要挖掘、要探索
屬於自己的藝術、文化的本質……

志銘攝影

撰稿，在克難的條件下進行田野調查，獨特而強烈的圖文視覺風格，經過長年累積，構成了一道道美麗的書物風景，並對一九七〇年代島內報導文學與鄉土紀實攝影產生深遠的影響，培育出一批批秀異的攝影、美術乃至出版界文化人才。

迄今為止，《漢聲雜誌》搶救了約莫數十種瀕臨失傳的民間手工藝，出版了一百五十多期《漢聲雜誌》中文版，製作了超過上百個鄉土文化專題，包羅廣泛。每期編排皆採不同版型大小、印刷材質與裝幀樣式，有的又高又

厚，搭上精美函套，莊重典雅美不勝收，有的雖薄薄一本，卻仿活頁紙設計，讓讀者可自由拆裝分類留存。賦予每項主題不同面貌與閱讀形式，內容均深入淺出、厚積薄發。

常言道：光陰易逝、波瀾不驚。

「你只要好好做事，必然會有人來幫你忙。」黃永松說道。當年心懷壯志的他，曾在生命旅程中幾度徘徊，追逐著成為前衛藝術家的夢。先是因緣際會參加了西門町的現代詩畫展，後來進入廣告公司拍商業影片，一度立志

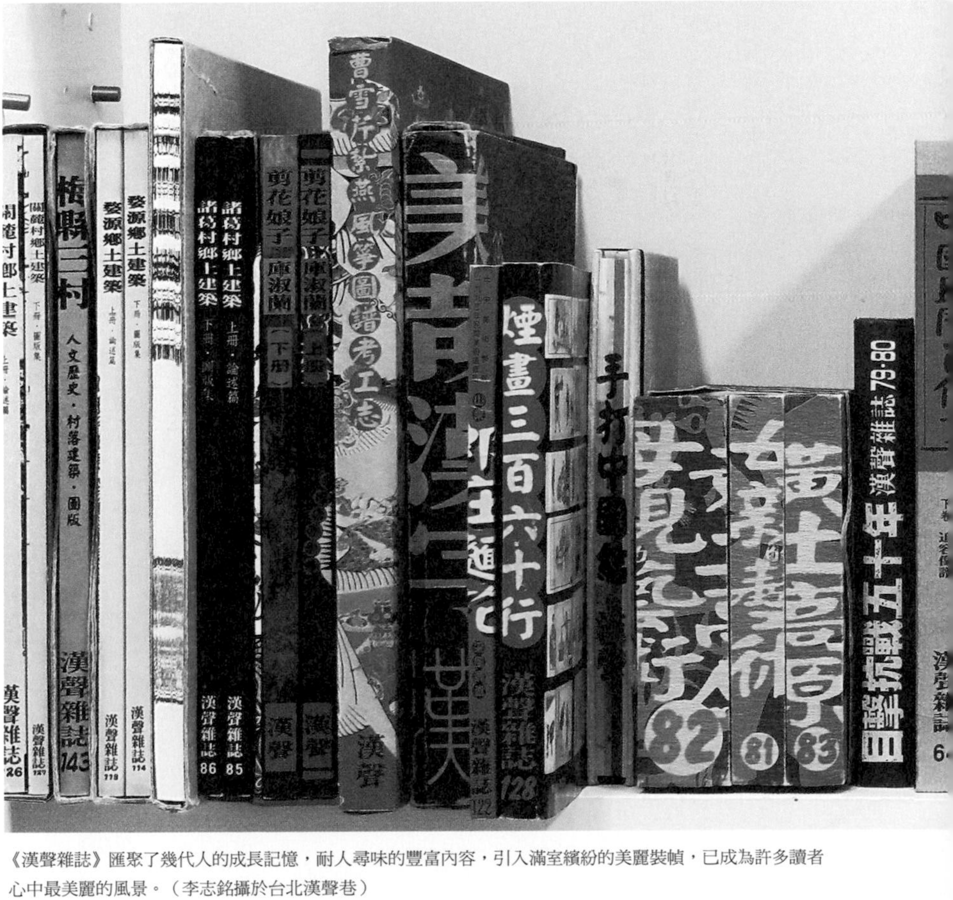

《漢聲雜誌》匯聚了幾代人的成長記憶，耐人尋味的豐富內容，引入滿室繽紛的美麗裝幀，已成為許多讀者心中最美麗的風景。（李志銘攝於台北漢聲巷）

要當導演，之後加入《漢聲雜誌》從事田野調查與出版工作，一做就是四十多年，直到現在為止，其實都只是「心無罣礙，一心做著自己想要做的事。」

黃永松與《漢聲雜誌》工作團隊宛如文化界的修行者，抱著逆水行舟、舍我其誰的精神，不惜走踏天南地北，只為搶救故鄉龍潭聖蹟亭，抑或尋訪台北古城遺跡、荷蘭時代台灣史蹟，並陸續投入保存福建土樓、陝北剪紙藝術、十八世紀的風箏譜、中國童玩、惠山泥人、貴州蠟染、浙江夾纈（一種在織物上印花染色的傳統工藝）等各地重要文化資產，皆戮力留下完整紀錄，而這份歷久彌新的雜誌書刊也漸漸孕育、釀造出台灣出版史上絕無僅有、風貌多樣的文化地理樣本。

現代藝術前衛派的青春印記

一九四三年出生於桃園龍潭，黃永松從小看著喜歡做手工活的父親親手製作生活所需的器物，如製茶、釀酒、做花生糖、木工營造等，幾乎無所不包，且往往做工細膩、手藝精湛，父親並且視之為日常的嗜好和樂趣。耳濡目染下，黃永松也開始動手做一些簡

早期《漢聲雜誌》（中文版）每年六期匯集成一套「函裝本」，以布面裝裱，呈顯出典雅的氣息。

單的鄉土玩具以及家用器物。童年時代的鄉間生活不僅養成他樸素勤勞的習性，亦培養出敏銳的觀察力。

初中就讀建國中學，參加西畫社。高中考入成功中學，因該校國文老師——詩人紀弦在校內帶動一股討論現代詩的藝文風氣，開啟了黃永松對現代藝術的視野及思考。升大學時，出於對美術的喜愛，並且受到高三同班同學張照堂的影響，兩度重考，才終於從理工科跨組考試，進入國立藝專美術科雕塑組，得償所願。

回溯一九六〇年代的台灣，在威權統治下，是個思想荒疏、精神壓抑而被稱作「文化沙漠」的年代。彼時西方思潮及文化衝擊正席捲而來，許多文藝青年內在巨大的熱情與苦悶亟需宣洩，並積極想為自身存在的荒謬處境找尋出口，於是熱切地汲取歐洲存在主義文學和荒謬劇場（The Theatre of the Absurd）的精神養分，拚命讀沙特的哲學著作、卡繆的小說。一有任何新的展覽或藝訊出現，眾人往往相互傳遞交流、反應熱烈。

就讀藝專期間（一九六四—一九六七），黃永松自云「心野得很」[2]，每每飢渴地吸收各種資訊和思潮，例如早年盛行的《文星》、《筆匯》、《幼獅文藝》和《劇場》等文藝刊物，經常引介超現實主義、存在主義以及嬉皮運動等西方新思潮。許是受此文化氛圍薰染，昔日老同學奚淞形容當時的黃永松：「頭髮蓬鬆，穿了一雙長筒馬靴，搭掛著一件衣服，看起來一副孤絕的樣子。」[3]在此同時，黃永松還與黃華成、張照堂等志同道合的前衛藝術家、設計家、詩人跨界合作，採用露天「擺地攤」的形式，在西門町圓環噴水池旁舉辦了一場別開生面的「現代詩展」[4]。

展場上，黃華成選用邱剛健的詩作〈洗手〉，擺了一張平凡簡單的椅子，座位上放置盛滿水的臉盆，並自《現代文學》雜誌直接剪下詩作，貼在椅背上。一旁，則是黃永松以一座橫向切割的保麗龍人像為主題，將軀體的各個部位，如頭、手、腰、腳等以鉤子連結，置坐在鞦韆板上，用線懸掛使之擺盪，以傳達詩人黃荷生〈復活〉一詩的意境。展覽文宣上寫著：「我想不要賺錢是可以過活的。」表述其個人的藝術觀。

遙想昔日相濡以沫、糾合夥伴一同參與「現代詩

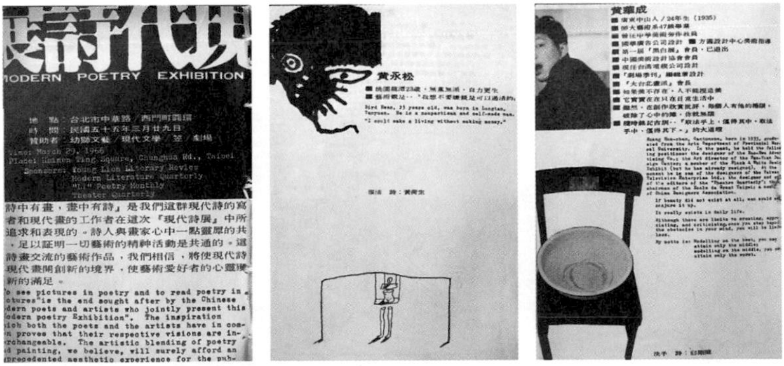

1966年「現代詩展」活動畫頁。（李志銘翻拍自《幼獅文藝》第148期，1966年4月）

展」的輕狂歲月，黃永松追憶：「其中都是最現代、最前衛的新奇花招，可惜曇花一現便匆匆收場。」[5]除此，黃永松亦曾一度醉心於電影，經常混跡在《劇場》雜誌辦活動的場合，甚至拿起八厘米攝影機，和同學跑到林家花園去拍攝實驗影片，還曾以作品《下午的夢》[6]參加當時《劇場》主辦的第一屆實驗電影發表會。隨後，他又與藝專同學奚淞、姚孟嘉、汪英德、梁正居、陳驌、王淳裕與黃金鐘等人共同創立前衛藝術團體「UP」，陸續在校園內與台灣藝術館籌辦了三屆「UP展」[7]。

透過這些活動的參與，黃永松很快與台灣一批率先投入現代藝術的創作者們——如秦松、李錫奇、朱為白、黃華成、邱剛健、陳映真、莊靈與劉大任等逐漸熟稔，此一跨領域的結合，不僅促成了日後一九七〇年代「V-10視覺藝術群」[8]的成立，黃永松當時的雕塑創作還曾與張照堂、黃華成等三人代表台灣被選入「一九五〇到一九八〇年代全球觀念藝術起源大展」（Global Conceptualism: Point of Origin, 1950s-1980s），於

1999年4月，黃永松準備赴美參加「1950到1980年代全球觀念藝術起源大展」，展出他1966年參與「現代詩展」時的雕塑作品。（黃永松提供）

1967年首屆「UP展」在藝專校園舉辦。照片左立者為黃永松，右側穿西裝者為當年藝專助教吳耀忠，右下蹲者為江英德。（黃永松提供）

自1978年元月創刊的《漢聲雜誌》中文版問世之後，不僅因應了當時方興未艾的本土化運動及環保意識崛起等風潮，多年後也成為許多五、六年級生共同擁有的青春記憶。

一九九九年在美國紐約和一百位現代藝術家的作品同時展出。

捕捉鏡頭下的電影感

在藝專美術雕塑組的三年歲月毋寧過得相當充實，從小喜歡手工藝的黃永松，在校期間即對電影產生濃厚興趣。其中對他日後從事報導攝影工作影響特別深遠的，是認識了在美國南加州大學修習電影的陳耀圻。當時陳耀圻為完成畢業論文，回台拍攝了一部待退軍人到花蓮木瓜溪畔墾荒的紀錄片《劉必稼》——此片後來由標榜前衛觀點的《劇場》雜誌在耕莘文教院公開播出，為文化界帶來頗大的震撼。

在紀錄片拍攝過程中，陳耀圻找來黃永松充當臨時助手兼打雜，兩人結伴到花蓮木瓜溪上游，用鏡頭記錄退伍軍人在鵝卵石河床中工作、築堤的現場實況。影片裡，陳耀圻運用緩慢的節奏、平實自然的畫面剪接，呈現片中主角劉必稼誠懇樸實又守貧的風格影像。由於陳耀圻受美國正規電影教育所衍生的紀實手法濡染，加上他總是嚴格不苟地面對每吋膠卷的專業態度，讓黃永松深刻體會到，「攝影者必須親身參與和報導的對象共

1980年《漢聲雜誌》以十年致力於鄉土文化資產保存有成，並在形式上帶動報導文學與報導攝影風潮，獲《中國時報》評選為「風雲十年、文化十事」之美譽。

同生活、起居，才能把握住真實而動人的感情。」[9]也領會了報導攝影工作本身的價值意義和趣味所在。

畢業後當兵退伍，那時台灣正面臨從農業過渡到工商社會的激烈轉型，島內價廉且勤奮的勞動力吸引大量外資積極湧入，旋即帶動了台灣經濟快速成長，民間社會對商業廣告的需求亦是與日俱增。由於黃永松先前有參與「現代詩展」、《劇場》雜誌實驗電影發表會等跨界合作的經驗，於是很順利進入當時號稱全台第一個成立CF（Commercial Film）部門的「台灣廣告公司」，參加電波組第一期導演訓練。

就在黃永松踏入廣告界的一九六八年，台視公司為獎勵優秀的廣告影片，並藉此提升製作水準，開辦了第一屆電視廣告「金塔獎」（該獎項自一九六八年起至一九七一年，共舉辦了四屆）。首屆獲獎作品名喚「快樂香皂」，片中搭配了一首朗朗上口的廣告歌曲：「快樂、快樂，真快樂，Happy、Happy，真Happy……」，黃永松便是負責拍攝該組影片的工作人員。之後，黃永松又陸續進入萬歲電影公司、中央電影公司擔綱劇照攝影及美術指導，讓他踏實學到有關影像製作的各種原理和技術。

當時的黃永松一心嚮往純美術與攝影創作，立志要當前衛藝術家，並且期望出國讀書。他認為所謂的照片作品不只侷限於一個方形框架，往往還具有時間的連續性，僅利用光影和黑白對比，亦能傳遞出一種充滿戲劇效果的「電影感」（Cinematic）。而在這段期間所培養的影像技術與攝製能力，爾後伴隨著黃永松轉換生涯軌道、進入漢聲雜誌從事民俗藝術的整理和出版，由於工作環境偏重鄉土寫實及田野調查，正好讓他發揮細膩的影像觀察與記錄能力，將材料、工具、過程、人與事物之間的關係，仔細地拍攝、描繪下來，一如透過攝影來寫文章、說故事，讓讀者彷彿身歷其境。

走入田野、從做中學

「當我們走到了現代的盡頭，便自然而然地回頭了，我們要挖掘、要探索屬於自己的藝術、文化的本質……。」[10]

藝專美術科雕塑組的學習生涯，奠定了黃永松對造型藝術和人文思想的知識基礎。任職兩年的商業廣告拍攝和電影美術指導，又引領他藉由報導攝影，關注社會現實生活的銘刻與痕跡。從廣告界到電影圈，無論在拍攝影片、照片或廣告設計等方面，黃永松都是一把好手。

然而，一九七〇年夏天，他卻毅然捨棄這一切，雙腳踩進泥土，投身訪查民俗文化、發掘鄉土題材的領域，就此執迷不悟、頭也不回地往前走了。

當年，從小接受英文教育、甫從美國返台的吳美雲，準備創辦一份向西方讀者介紹中國風土民情與民俗文化的刊物，正在找尋一位能長期合作的美術編輯。吳美雲透過電影圈內友人的引介，看了黃永松與藝專同學合作拍攝的黑白影片《不敢跟你講》，對其取景構圖的美術能力大為讚賞，於是便輾轉聯繫上了黃永松。兩人相談甚歡，頗為投契，便憑藉著一腔熱情草創開辦了這份屬於「自由中國」的《ECHO》（漢聲雜誌英文版），社址就位在台北市八德路巷弄裡（當年路旁即是火車鐵道）一幢半舊公寓的三樓。

籌備創刊期間，黃永松與吳美雲不只分析美國《生活雜誌》（Life）、《展望雜誌》（The Outlook）以及《花花公子》（Playboy）等知名雜誌的版面編排及設計風格，黃永松還帶吳美雲去看台北的廟會活動，參與了松山慈祐宮

草創時期「漢聲四君子」合影，左起：姚孟嘉、奚淞、黃永松、吳美雲。（黃永松提供）

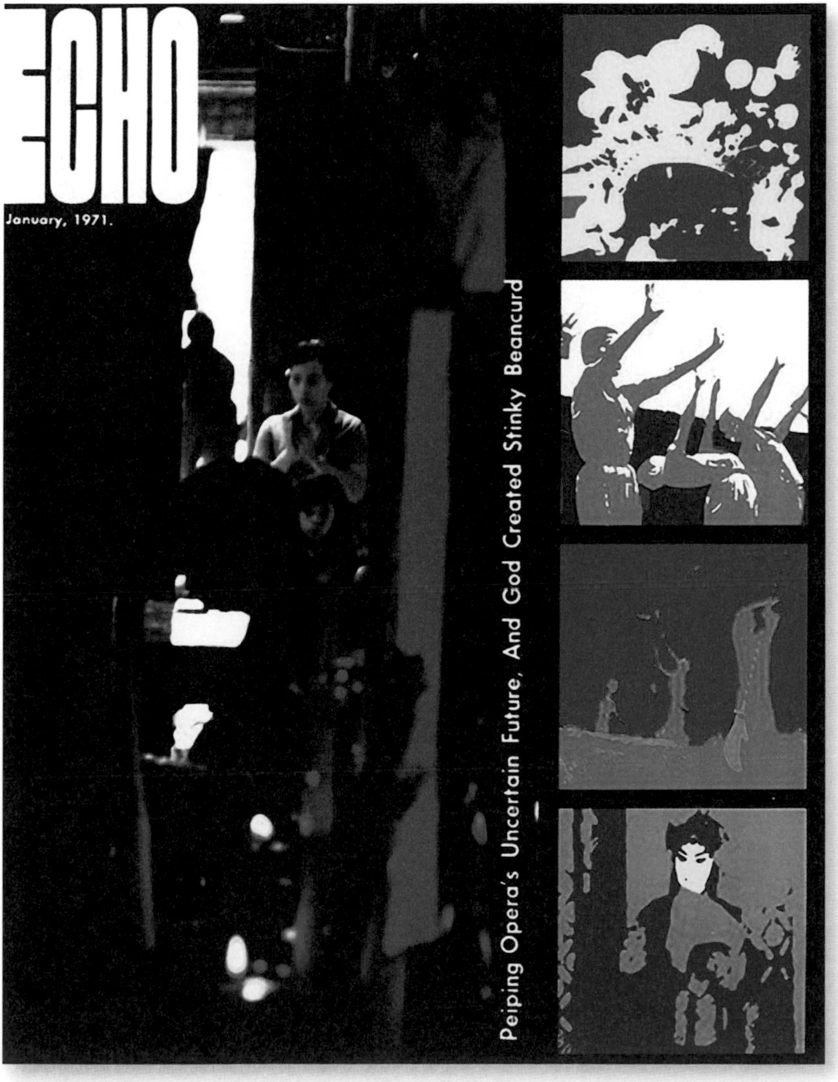

1971年《ECHO》創刊號封面，黃永松以粗黑線框將整個畫面做視覺分割，營造出宛如觀看一卷卷底片的電影感。畫面左半是一張老太太拿著香祭拜的照片，帶有剪影般的寫意氛圍；右半邊則是截取該期採訪「大鵬劇校」的照片，透過在暗房裡將之疊壓在感光紙上再曝光的手工方式，製造出色調分離、如版畫一般的高反差的視覺效果。

媽祖廟的年中祭典，並一起去逛舊書攤，後來更進一步尋訪各地傳統祭祀禮儀與習俗，乃至詳細記錄家鄉的衣食住行、風土文物，以及地方鄉鎮的名勝古蹟、產業歷史等。黃永松強調：「要想深切瞭解一件事情，只有實際的參與，真正的融入其中，只要你有興趣、跟著內容去學，很快就會豐富自身的知識背景。」[11]

之後，隨著藝專學弟姚孟嘉、奚淞的陸續加入，編輯部擴充為四個人（加上原先的吳美雲和黃永松，即成了日後名揚台灣出版界的「漢聲四君子」）。黃永松和漢聲雜誌的工作夥伴，一方面藉著四處走訪踏查，深入民間，另一方面也不吝請教各領域的專家學者與熟悉民間掌故的地方人士，他們往往先透過閒談建立友誼，然後不斷透過旁敲側擊與細心觀察來取得所需的訊息。慢慢累積之下，倒也逐漸摸索出一套「從做中學」（Learning by Doing）、選題盡量「小題大作，細處求全」的工作理念，終於塑造出一種以報導民間文化與地方風物為主的雜誌形貌。

一九七一年元月，漢聲雜誌英文版《ECHO》創刊號問世。刊名「ECHO」由總編輯吳美雲命名，意指將「中國人的聲音」傳送出去，冀盼能獲得廣大的回音。讀者對象主要是海外漢學家及華僑，固定每月出刊一期（一年當中會有兩個月特別合併為一期）、發行兩萬多份（其中一萬份由中華航空公司採購，放置在每個班機座位前）。

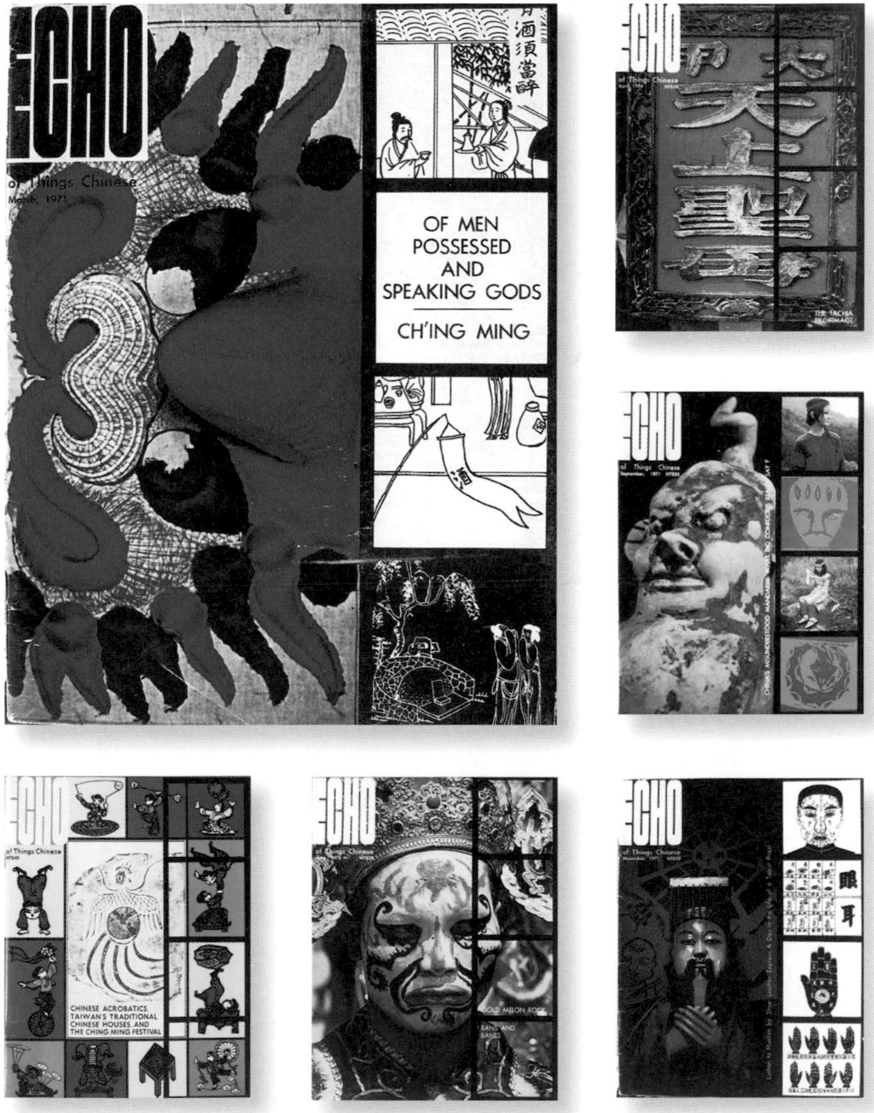

1971年1月至1976年9月間，總共出刊61期的《ECHO》，奠定了日後漢聲田野調查的工作模式。

直到一九七六年九月《ECHO》推出【中國攝影專集】作為終刊號，短短六年間共出刊六十一期。該刊物銷售量最多時，曾一度行銷全球三十幾個國家，瑞典著名漢學家高本漢（Bernhard Karlgren, 1889-1978）所在的哥德堡大學（Göteborgs universitet）甚至還把《ECHO》作為展品展覽了兩年。

有趣的是，儘管早期《ECHO》大多以鄉土文化和民藝風俗為紀實報導主題，但相對之下，封面設計及內頁版型編排卻常帶有一種現代藝術的前衛感（Avant-garde）。例如用粗黑線框將整個雜誌封面做視覺切割，構成某種柵格系統（Grid system）的樣式，再透過圖像畫面的交錯凝視（通常封面左半部會有一個主畫面，右半部則分割為四個次畫面），使得這些柵格乍看之下猶如一卷卷沖印顯影的傳統菲林（Film）底片，又像是一個個鋪陳排列的方格鏡框或畫框（這般以底片造型作為圖框與文框裝飾的作法，後來在改版的中文版《漢聲雜誌》裡也經常使用）。

對此，黃永松表示：「我就是用一種電影感去表現，當時我剛剛從電影圈轉行過來，由於我很早就接觸這些東西，就發現那些電影畫面裡蘊藏了某種層次感，其中不只是空間的層次，同時也包含了時間的層次……。」[12]當時台灣普遍不注重雜誌圖片的印刷品質與排版設計，為提升《ECHO》的視覺質感，讓整體內容圖文並茂，不輸國外一流雜

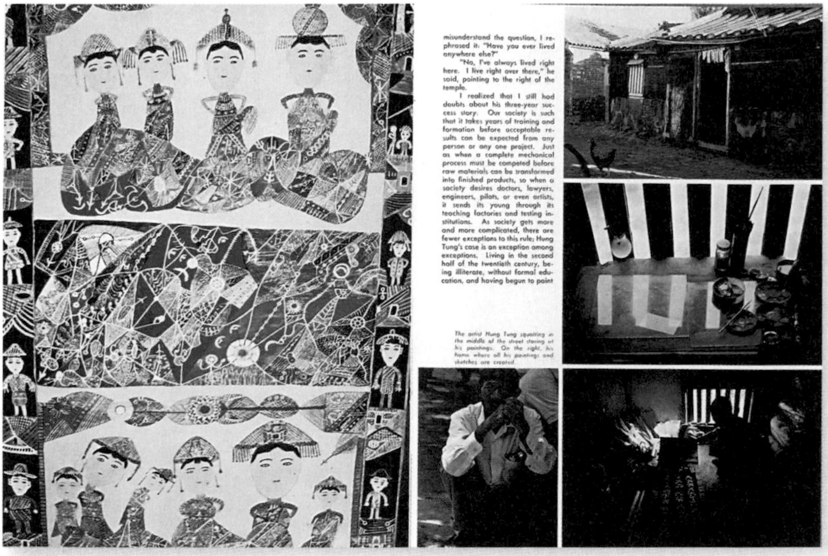

misunderstand the question, I rephrased it: "Have you ever lived anywhere else?"

"No, I've always lived right here. I live right over there," he said, pointing to the right of the temple.

I realized that I still had doubts about his three-year success story. Our society is such that it takes years of training and formation before acceptable results can be expected from any person or any one project. Just as when a complete mechanical process must be competed before raw materials can be transformed into finished products, so when a society desires doctors, lawyers, engineers, pilots, or even artists, it sends its young through its teaching factories and testing institutions. As society gets more and more complicated, there are fewer exceptions to this rule; Hung Tung's case is an exception among exceptions. Living in the second half of the twentieth century, being illiterate, without formal education, and having begun to paint

The artist Hung Tung squatting in the middle of the street staring at his paintings. On the right, his home where all his paintings and sketches are created.

THE MAD ARTIST

by Huang Chun-ming

最早發現洪通，是在《ECHO》時。1972年5月，黃永松與小說家黃春明前往南鯤鯓採訪五王爺誕辰的廟會活動，無意間在一座廟宇後方的竹林旁發現有一老翁蹲在那邊，拿起卷軸、隨興將幾幅畫掛了起來。兩人一見這些色彩形象豐富、造型充滿現代感和樸拙趣味的畫作，頓時驚為天人。

黃永松趕緊拿起相機拍下眼前的畫面，並由黃春明將整個訪談過程撰寫成一篇名曰〈The Mad Artist〉的報導文章，刊載於1972年《ECHO》7、8月號合輯裡。後來被《中國時報》「人間副刊」主編高信疆得知，策畫大篇幅的五日連載，自此掀起了「素人畫家洪通」的風潮。

誌，黃永松委實費了一番心思。針對該雜誌封面裝幀及內頁版型設計，黃永松融會他原有的美術根柢，以及在電影界習得的美學概念，運用類似電影運鏡時的連續剪接或局部特寫，構成富想像力的畫面組合，營造出貼近影像敘事的節奏感與秩序美，簡潔、清晰地呈現當期雜誌的敘事內容，期使讀者從封面到內文編排，逐一感受各段落不同層次的閱讀效果。

用傳統文化滋養現代精神

投身《ECHO》草創初期，平日喜愛拍照而四處採訪、發掘鄉土新事物的黃永松，在一次偶然的機會下，和友人來到位於台北館前路、鄰近武昌街明星咖啡館的「怡太旅行社」，結識了當時被譽為「文藝青年導師」的俞大綱教授。早年不少有志於文化工作的年輕人，因受到俞老師倡議傳統鄉土文化的啟發，經常在此聽講、聊天，包括戲劇界的郭小莊、雲門舞集的林懷民、詩人畫家楚戈、音樂家史惟亮和許常惠、小說家施叔青與李昂、電影導演李行與白景瑞等，皆為登門常客。

讓黃永松印象最深刻的，是當時俞老師期許他要扮演好一個「肚腹」的角色。根據俞大綱的說法：傳統就像人的頭顱，現代就是人的雙腳。生活在現代化文明的激流當中，所謂的傳統已被遠遠地拋在後方，而雙腳卻只是一味飛快地往前跑，此即是缺少中間「肚腹」的斷裂狀態。為此，俞大綱不僅幫忙替《ECHO》撰寫文章，也和編輯團隊一起下鄉採訪。他特別鼓勵黃永松和漢聲夥伴們要做「肚腹」之事，冀盼能將頭腳分離的身體連結起來，且藉由報導民俗活動，找出文化根源，期使現代人能夠重新找回傳統文化的價值。

昔日的期勉話語，黃永松多年來始終掛念在心，並一路堅持到現在。

一九七八年元月，就在結束《ECHO》並經過了一年多的籌備後，由漢聲編輯團隊全新推出、

1976年9月《ECHO》的終刊號，與1978年元月誕生的《漢聲雜誌》中文版創刊號，均以【中國攝影專集】為主題，具有相互銜接的意涵。

從原先的月刊制改為雙月刊的《漢聲雜誌》中文版創刊號【中國攝影專集】正式宣告問世。綜觀前面幾期的封面設計與內容編排，似乎仍不脫《ECHO》的景框設計影響，但自第七期【中國人造型專集】（一九八〇年一月號）起，開始有了明顯變化。包括整個封面版型，以及內頁設計大膽使用鮮豔的漸層色做版面套色，效果搶眼，並從原雙月刊改為一年發行四期的季刊。

一九八〇年代初，正值台灣社會風起雲湧、物質經濟狂飆，島內各方改革聲浪捲起，然威權勢力猶存，可謂進入了民間社會力量最生猛的時代。自許以守望文化傳統為己任的《漢聲雜誌》也無法置身於環境潮流之外，雜誌的企畫選題往往愈益緊密扣合著當下社會發展脈絡，諸如：順應當時經濟大幅成長，國民所得與閒暇時間增多，遂在第五、六期推出【國民旅遊專集】以拓展島內觀光市場，也藉此打開一扇認識本土自然環境、推廣環保概念的視窗。

約莫同一時期，適逢文建會草擬制定〈文化資產保存法〉正式公佈實施前夕，《漢聲雜誌》亦早已為各地碩果僅存、殘牆斷垣的傳統老舊建築多次請命，不僅接連策畫了第八期【我們的古物】（一九八〇年十月）、第九期【我們的古蹟】（一九八一年十月），以及第十、十一期【古蹟之旅】（上、下兩集，一九八一年五月、八月）等一系列共四冊的【文化國寶專集】，且陸續展開全台古蹟大調查，後來更破天荒舉辦「尋找台北古城」全民踏查活動（一九八一年六月二十一日），試圖喚起社會大眾關懷鄉土的熱情與理想，繼而帶動對古蹟保存的重視。

最令人膽戰心驚的，乃是一九八六年出版的第十七、十八期【免於吃的恐懼專集】。對照於近年台灣社會接二連三爆發頂新黑心油、塑化劑等嚴重食安事件，《漢聲雜誌》早在三十年前即已著手探討市售食品濫用違法添加物以及農藥殘留等一系列食安問題，竟彷彿預見先知般，揭示人類在歷史發展中不斷循環重演的愚昧荒謬本質。

黃永松說：「生活中從不缺少美，而是缺少發現。」[13]

黃永松與漢聲工作團隊四處奔走，搶救瀕危的民間藝術、風土民俗、建築聚落等傳統文化資

《漢聲雜誌》的企畫選題，每每扣緊當下的社會動態與文化議題，時代感鮮烈。

產，他們往往一邊深入民間，一邊勤於攝影做記錄，在日積月累的潛修下，發展成極富人間味的視覺影像風格，以及匠心獨具的民藝美學。

《漢聲雜誌》每期印製時，文編與美編必定到現場看印，與紙廠師傅一起討論各種不同的選紙與印刷方法，以達到最佳的效果呈現，甚至每每不眠不休跟隨著印製的進度，再三進行調整、校正，直到裝訂成書才告罷休。

《漢聲雜誌》從第二十六、二十七期【戲齣年畫】開始，書籍裝幀陸續嘗試採用「包背裝」[14]，亦將不同段落的內頁版面分別印上不同的背景顏色，讓書口呈現繽紛的色彩，使讀者在翻覽時更容易區分章節，同時也營造出一種閱讀的節奏與層次，形成一道美麗的書頁風景。

除此之外，為了突顯【戲齣年畫】的專題特

黃永松以【戲齣年畫】為例，回想當初在印製過程中如何跟印刷廠師傅搏交情，討論選紙與印刷方法，並藉以闡述何謂「書卷氣」。

歷經八年時間，黃永松與漢聲團隊尋訪到捏塑惠山泥人的一代宗師喻湘漣、王南仙。為了忠實記錄泥人製作的完整工序，黃永松幾乎全程站在老師傅身後，一張張地拍照，哪個動作快了就請老師傅重來。共花費11天時間，燒壞了所有隨身攜帶的日光型藍光燈，最後整理出三千多張如電影膠片般、鉅細靡遺解說捏泥與彩繪技法的工序圖，並陸續彙編出版為一套三冊、採特殊函套裝幀的【惠山泥人】專輯。「這是向老藝人致敬，我們更希望能將這手藝留住。」黃永松說。

色，印製出如版畫般的精緻質感，黃永松與印刷廠的師傅搏交情、相互討論，並且參考很多紙樣、反覆研究，後來找到長春紙廠的一種包裝紙，能夠做出接近傳統宣紙和棉紙的感覺，而且價格便宜。印刷時，海德堡印刷機的工程師剛好來印刷廠安裝新機器，沈氏印刷公司老董事長沈金塗也跟著在旁，豈料一開機試印，發現印在紙頁上的油墨容易暈開，工程師就建議版壓不要這麼重，但是要用最黑的黑色油墨，「我永遠記得那時候，那個黑色的代號叫作８８８，就是要用這種黑墨來印，然後把版壓減輕，輕一點，一拉起來，就不會暈開了。」[15]黃永松回憶道。之後經過多方實驗、調整及試印，所幸最後結果讓大家都很滿意，也形成了現今漢聲出版品特有的印刷質感及美學風格。

對黃永松而言，漢聲與印刷廠之間的互動，比較像是上游與下游的合作夥伴，而非一般客戶或老闆與員工的關係。自第二十八期【老北京的四合院】起，漢聲首創「活頁雜誌」的裝訂形式[16]，命名為【民間文化剪貼】，且為了顧及環保，該系

《漢聲雜誌》總編輯吳美雲曾經對著一套【黃河十四走】感慨道：「像這樣的書能夠編一兩本，這一輩子的編輯生涯基本上就值了。」

繽紛亮麗的書口，漢聲賦予書頁各種飽和色彩。漢聲第81～83期【黃土高原母親的藝術——陝北剪紙】為了表現民俗剪紙特有的風味，黃永松選用特別薄軟的土色紙，紙薄、印得慢，只好分三家印刷廠印，還派出三批人馬監工。裝訂過程中，蝴蝶頁特殊的摺疊設計，促使必須全部手工作業。

列全本使用再生紙印製。由於再生紙吃墨量重，經過和印刷廠不厭其煩、一次又一次的試驗，把網點加大，終於突破再生紙無法做彩色精美印刷的困難。

繼【民間文化剪貼】系列之後，漢聲開始全面進入雜誌叢書化的時代，不惟每一本書的開本大小跟裝幀樣式都大不相同，就連印刷用紙也特別著重翻頁時的觸感。「這是我們很講究的，」黃永松強調：基本上這個就叫作「書卷氣」，「拿起來是軟的、輕的，」而且最重要的是，「它很好翻，翻起來很舒服……，這些書籍雖然每一冊都是小生命，但是它們彼此之間會有一個連繫，有個脈絡，它才會成為一個大生命，所以在做這些事情的時候，那些脈絡就會慢慢地自己呈現出來。」[17]語畢，只見黃

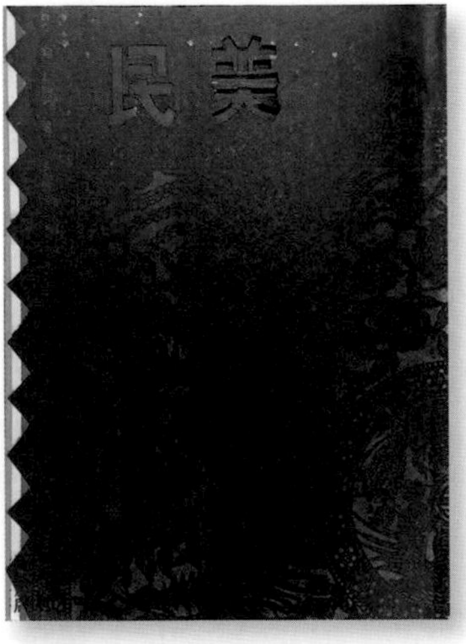

在裝幀設計上，漢聲第122期【中國民間美術】封面選用瀝青紙，並加以剪裁、鏤空，使書口邊緣呈現鋸齒狀，這是過去台灣出版沒有採取過的方式。內頁亦大量使用冥符色紙、土紙，目錄則以年輪狀呈現，連內文編排也是特殊設計。

多年來堅持從常民文化尋找生活語言的漢聲，於第87、88期【美哉漢字】收錄了三百多幅傳統民間美術字，裝幀形式亦是源自傳統做法，除了書籍本體採用線裝書五眼綴訂的方式，還外加了書盒函套，且於開函處製成流雲狀，謂之「雲頭套」。由於函套的造型需要開鋼模按圖做精密切割、以使紙版之間能互相密合，因此在印刷工藝的要求極高。

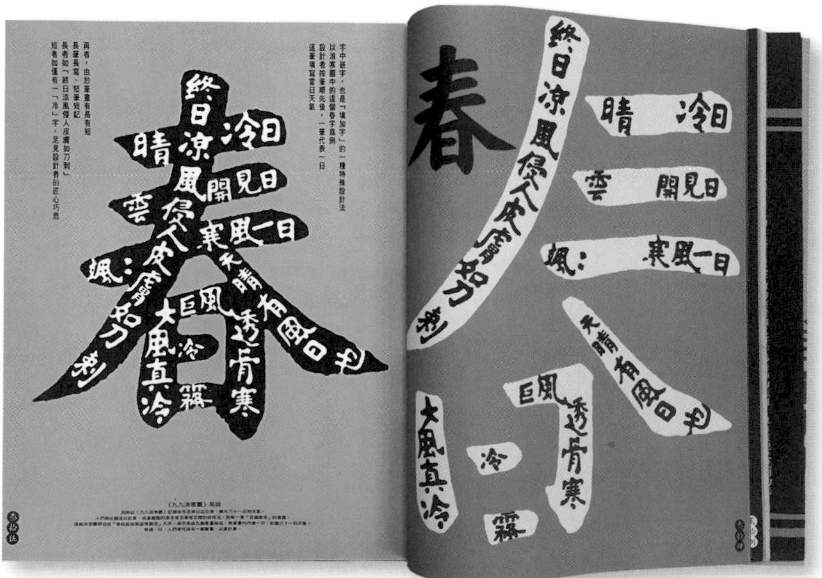

永松童心未泯般，欣喜地翻動著手上的書冊，一頁又一頁，蕩起了層層疊疊的漣漪，彷彿可聽見美麗的蝶翼自耳旁擦過，窸窸窣窣、翩翩飛舞。

重尋設計的根源、不忘初心

關於設計，黃永松認為，一個好的設計應該是創造讓人念念不忘、愛不釋手的質感，做出來的作品既美觀又耐用，而不該只是一味地追求快速汰舊換新，造成了許多資源的浪費及汙染，如此才是回歸設計的本質，因為愈純粹的東西往往愈是歷久彌新。

「我們只要能謙卑一些，日子就會好過一點。」[18]黃永松經常以思想家墨子為例，他提出了最早的造物理念，包含設計理論和原則，大抵可歸納為「三便」（便於生，便於身，便於利）與「三不」[19]（不為觀樂而設計，不為純粹的裝飾美麗而設計，不為刺激消費而設計）。此一微言大義的要旨所在，即是告誡現今的設計者應當要有所自覺，盡可能約束各種華而不實的設計，以避免過度設計（over design）所造成的不必要的浪費。

「裝幀設計不能永遠停留在技術層面上，」黃永松指出：「今天我們在圖書設計領域

中國陝西黃土高原的淳樸民風，孕育了庫淑蘭的剪紙藝術。早從一九八〇年代以降，慕名探訪庫淑蘭的人不計其數。她不打草稿，信手剪來，人物造型質樸、色彩絢麗，大有朗朗乾坤的磅礴氣勢。她透過一把剪刀，創造出一個儀態萬方的「剪花娘子」形像。1997年漢聲出版《剪花娘子庫淑蘭》（上、下冊），同時在台灣舉辦「庫淑蘭剪紙展覽」。後來，其剪紙作品亦受到日本平面設計大師杉浦康平所讚賞，而與漢聲雜誌聯合策畫了「花珠爛漫—中國·庫淑蘭的剪紙宇宙展」，2013年在東京銀座御木本大樓展出。

一九九一 《漢聲雜誌》第二十八期【老北京的四合院】出版。自該期起，《漢聲雜誌》以「民間文化」為題，每月一期，對中國即將消失的傳統民間文化做全面的蒐集整理，冀望未來能彙聚成「中華傳統民間文化基因庫」，由台灣、中國北京兩地編輯部工作站共同推動。

一九九五 《漢聲雜誌》第七十八期【搶救龍潭聖蹟亭】出版，並發起保護該古蹟的活動。

一九九七 獲選為亞洲十四位設計家之一，代表參加「The Energy of Asian Design」展覽，於日本、加拿大及美國巡迴展出。同年，《漢聲雜誌》入選日本知名設計雜誌《Designers' Workshop》評選出全世界最獨特表現的一百一十四本書籍之一。

一九九八 日本設計學會邀請《漢聲雜誌》與黃永松於東京銀座松屋百貨公司畫廊舉辦「台灣的意匠圖書室——漢聲雜誌」特展。

一九九九 受邀於韓國藝術中心參加「當代東亞文字藝術展」，並發表專題演講「美哉漢字——中國

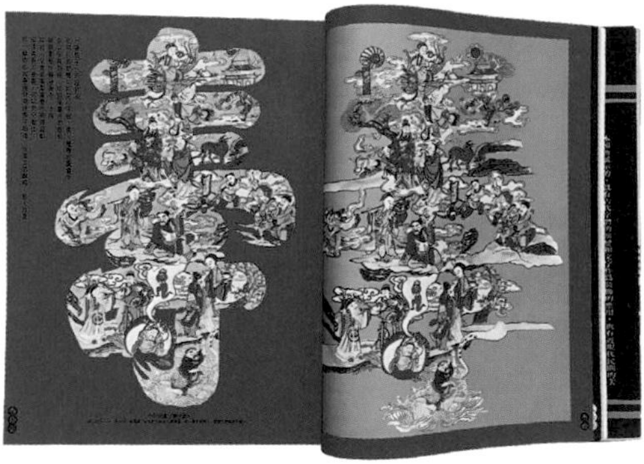

漢聲【美哉漢字】專集內頁。

的文字藝術」。

二〇〇〇　應韓國「國際平面設計會議」主辦單位邀請，以《漢聲雜誌》美術編輯身分參加在漢城（今「首爾」）舉行的「千禧年設計大會」，並發表專題演講「從設計的原點出發：談母親的藝術」。同年，應日本《The Book & The Computer》雜誌邀請，參加「書物變容——亞細亞的時空」亞洲圖書特展，並在大日本印刷廠的銀座GGG Gallery發表專題演講「Book × Computer = ECHO Magazine」。

二〇〇三　漢聲在北京西壩河畔公寓設立辦公室，註冊為「北京漢聲文化信息諮詢有限公司」。

二〇〇六　美國《時代週刊》製作「亞洲之最」專題報導，將《漢聲雜誌》評選為「Best Esoteric Publication」（行家的出版品）。

二〇〇八　與中國寧波慈城政府合作，創設「天工之城」創意文化產業園區。

二〇一三　由日本設計家杉浦康平與漢聲聯合策劃「花珠爛漫——庫淑蘭的剪紙宇宙」展覽活動在東京銀座御木本大樓舉辦，展出庫淑蘭生前剪紙原作三十餘幅。

二〇一四　在中國南京老門東街區開辦中國大陸第一家漢聲書店。

二〇一六　參與台北國際書展講座活動，以「翻開書頁：遇見台北社會設計新旅程」為主題，和林磐聳、李明道展開對談。

r the inscriptions "weight
hu" (銖), which is half a *liang*
the monetary unit of spades
Chin. The round coinage
adopted the *liang* unit
ts own use and perpetuated
ystem in the *pan liang* (半兩),
lf *liang*, coinage of the Chin
sty — the first standard round
n China.
everal theories exist as to
ound coins came into being.
say that the circular form
ated with the ring handle of
fe coin. But if one examines
fe coins which were then in
ion one finds that the han-
re not very prominent.
hers say that the round
as patterned after the pi
round and flat piece of
h a hole in the center.
...if coins had by

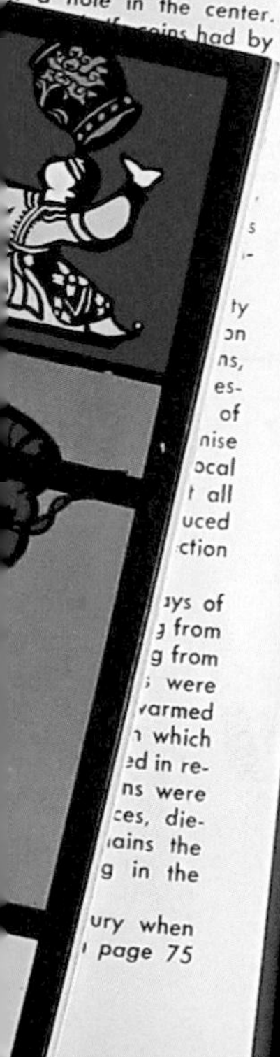

s
-
ty
on
ns,
es-
of
nise
ocal
t all
uced
ction

ays of
g from
g from
s were
warmed
n which
ed in re-
ns were
ces, die-
ains the
g in the

ury when
... page 75

CHINESE PUPPET...

by Jacques Pimpaneau

CHO
of Things Chinese
NT$20
July-August, 1972
CHO
of Things Chinese
NT$40
CHINESE ACROBATICS, TAIWAN'S TRADITIONAL CHINESE HOUSES, AND THE CHING MING FESTIVAL
（林秦華攝影）

王行恭

Hsin-Kong Wang

人文精神是永遠的鄉愁

設計教育者的古典與叛逆

印象中，最初遇見王行恭（一九四七―）老師，是在台北龍泉街的舊香居書店。家住師大附近的他，經常會一身素雅輕裝，在閒暇的午後，騎著腳踏車，悠然走逛城南一帶的巷弄書店淘書尋寶，自得其樂。

與生俱來的藝術家特質，王行恭全身透著一股東方傳統文人特有的溫和內斂及典雅氣息。他自云從小身體虛弱，因而養成愛看書的習慣，經常流連於古書店和舊書攤。年少時期一度夢想成為畢卡索，也頗嚮往建築師職業，後來卻以第一志

我們不應該因為出版市場的侷限，而困在島上自我設限。

王行恭提供

願考進國立藝專美工科。畢業後進入廣告公司工作闖蕩數年，並且加入當時由藝專同學楊國台、霍鵬程與吳進生等人籌組的「變形蟲設計協會」[1]，隨後負笈西班牙、美國進修。

回台以後，王行恭逐漸從廣告界跨足出版、室內設計等領域，餘暇時偶爾受朋友委託設計書籍封面。作品包括一九九〇年代初期爾雅、九歌、光復書局等老牌出版社發行的一系列文藝叢書，例如馬森的《海鷗》、歐陽子的《生命的軌跡》、張繼高的《必須贏的人》、李瑞騰的《文學尖端對話》、陳義芝的《不能遺忘的遠方》、林燿德的《妳不瞭解我的哀愁是怎樣一回事》等。綜觀王行恭的畫面構成，常隱然有一股秀氣兼挾古典之風汩汩流出。在那個手工繪圖技藝即將消逝的年代，他將封面設計視為實驗平面視覺語言的舞台。因為也曾擔任《故宮文物月刊》的美術編輯（昔日同僚、藝專同學老友楚戈曾戲言：封他為「故宮行走」九品小吏），使他逐漸改變了原本在廣告界乘風破浪的生活方式，從此成天埋首在故紙堆中，徜徉於古瓷等工藝美術的新天地，潛心鑽研，清風明月。

長此以往，因涉獵廣泛、博覽群書，且陸續受到各種新觀念的啟發，王行恭深刻體會到一位好老師的重要，因而決意回到校園，投身於設計的傳承教育工作。任教於台南藝術大學期間，他認為影像、設計與詩有著不可分割的關係，因此強調「設計師應該讀

何謂「哀愁」？王行恭做了一個模糊的隱喻，他利用三張圖像拼湊重疊，其中一張像是火山地形的石頭，加上一張斑駁的舊紙底紋，再加上一張反覆影印、撕裂邊緣的美女照片，試圖以混雜的異質空間表現出詩的韻律感。

《妳不瞭解我的哀愁是怎樣一回事》，林燿德著，1988，光復書局，封面設計：王行恭

當初為了這本書，王行恭特地用版畫機做了幾個版子去套印，印製出這張AP版後直接拿來做設計稿。

《不能遺忘的遠方》，陳義芝著，1993，九歌出版社，封面設計：王行恭

詩」[2]。近年來，又因時常往來於兩岸書市、積極推動台灣出版界第一個書籍設計競賽「金蝶獎」的創立，並且熱心參與國內外各種書籍裝幀設計的展覽評選及講座活動，有些書界友人私下暱稱他為「書市巡閱使」。

除了浸淫於古舊文物收藏、設計思考研究，喜愛讀書、教書之外，對於編輯出版一事，王行恭也別有一份異常執著的癡迷與熱情。

一九九二年，他以早期在日文刊物常見的、以漢文「歲時」詮釋在地庶民生活文化為概念，與馬以工（時任文建會委員）共同企劃製作《中國人傳承的歲時》一書，還因此獲頒「平面設計在中國」（深圳）展覽書籍裝幀金獎。兩年後他又沿用此一編輯形式，接續出版了《中國人的生命禮俗》。另外，他又不惜成本、自費編纂了【日據時期臺灣美術檔案】一套兩部的「私家本」：《臺展府展臺灣畫家東洋畫圖錄》與《臺展府展臺灣畫家西洋畫圖錄》，皆是採用大開本銅版紙印刷，布面精裝（採用荷蘭進口Scholco Van Heek Textiles書皮布），書名燙金，當初只印了限量一千冊左右，如今已是各家二手書店、古舊書攤上的罕見珍本。而這一切的付出，都是為了讓台灣早年美術發展留下完整的歷史紀錄。

《日據時期臺灣美術檔案：臺展府展臺灣畫家西洋畫、東洋畫圖錄》編纂完成之初，恰逢台灣前輩畫家作品被藝術市場炒作，王行恭為了避開這股熱潮，並沒有立即出版，而是等熱潮退燒之後再問世。後來他自己為了減少庫存而銷毀了一部分。

《日據時期臺灣美術檔案：臺展府展臺灣畫家西洋畫、東洋畫圖錄》，王行恭編纂，1992，自印出版，裝幀設計：王行恭

年少時期的反叛與浪漫

父祖輩老家在東北吉林，那裡也是王行恭出生的故鄉。兩歲時（一九四九）與家人隨國府來台，定居台中，當時還曾和歌手齊豫比鄰而居。父親是北大出身的律師兼國大代表，緣於如此家庭背景，王行恭從小就富有濃厚的正義感，矢志追尋世間公理，遇到不公之事總愛打抱不平。個性叛逆的他，從初中時代便經常翻牆逃課看電影，其他大部分時間幾乎都用來逛舊書攤、買二手書，並開始接觸到魯迅《阿Q正傳》、老舍《駱駝祥子》、巴金《寒夜》等當年仍被國民黨政府視為禁書的中國一九三〇年代文學作品，以及一些來自美國的畫冊、畫報，同時也常去位於台中市雙十路旁的美國新聞處附設圖書館裡看《TIME》、《LITE》等報刊雜誌，也因此，早早開啟了他的閱讀與思考視野。

彼時因為越戰的關係，大批美國大兵來台，駐紮在台中清泉崗空軍基地，營區內許多原本提供給美軍的書刊雜誌，每隔一段時間都會流散出來，賣給廢紙回收商或舊書攤，除了《PlayBoy》、《PentHouse》等成人雜誌，更不乏諸多經典人文刊物——如一九六〇年代宣揚反戰思潮的前衛藝術雜誌《Avant Garde》、搖滾樂誌《Billboard》，以及政論雜誌《Fact》

高中時代因喜歡買書而結識了台中一家小書店的老闆，有一天王行恭拿著當時仍被視為禁書的上海舊版《卡拉馬助夫兄弟》向老闆推薦：「這本書你敢不敢印啊？你敢出的話，我就幫你設計封面。」當時一個封面設計的行情差不多是兩三百塊錢，王行恭就當作是賺取買書的零用錢（有時也拿書來相抵），為此設計了一系列初試啼聲的文學裝幀作品。

——

《罪與罰》，陀斯妥也夫斯基著，1968，綜合書局，封面設計：王行恭

《老人與海》，海明威著，1968，綜合書局，封面設計：王行恭
《戀愛與犧牲》，莫洛亞著，1968，綜合書局，封面設計：王行恭

等，令喜愛閱讀的王行恭如獲至寶，幾乎每個禮拜都會去向這些回收商「訂書」。

「那個年代最好玩的，就是說有蠻多西方的、而且都是美國最前衛的東西。」王行恭追憶起這段往事：「很多雜誌類的我都看，尤其是一九六〇、七〇年代這段期間，《PlayBoy》的美編，簡直是全世界第一流的，那時候每期都會有一兩篇文學的，還有介紹一些社會時事、科技新知與藝術評論，有很多很好的內容，加上版面編排也極好，當時正好是美國的現代主義發展到最高峰的一個階段……。另外還有像《Avant Garde》，它是個反戰的雜誌，也是美國一個出身美國紐約庫柏聯盟學院（Cooper Union）的設計師Herb Lubalin設計的，包括它的字型，現在變成了英文字裡面很重要的一個字型——就叫作Avant Garde」[3]。

在嬉皮文化等風潮勃然煥發的時代氛圍下，王行恭早在中學時期即已透過閱讀這些外文雜誌，熟識了著名普普藝術平面設計先鋒彼得．邁克斯，以及率先結合插畫風格與設計的「圖釘設計工作室」[4]等前衛之作，他臥房的牆壁上更是貼滿了《Billboard》隨刊附送的一張張大幅搖滾明星海報。除此之外，王行恭甚至戲言聲稱：在他參加大專聯考之前所打下的英文基礎，其實都是當年翻看《PlayBoy》時練出來的。

除了喜讀雜書、閒書，王行恭很早就培養了寫作的嗜好與習慣。初中開始寫些抒情小品，投稿《民聲日報》，念台中二中時主編了兩年的校刊《二中青年》，平日逛書店之餘，甚至還幫書店老闆推薦選書兼設計封面賺外快。後來卻因為揭露校方在執行編務採購上的弊端而被訓導處記了一大過、兩小過，差一點就被退學。深感不平的他，從此幾乎不去上課，勉強應付畢業後，參加大專聯考的術科考試，其間雖一度發生了所謂「螃蟹事件」[5]，所幸最終仍如願進入第一志願國立藝專[6]就讀，那年他二十歲（一九六七）。

順利考上藝專後，初次感受學校自由空氣的王行恭，不僅每週固定到師大找同學、逛書攤，且開始積極參加各種課外的社團活動。在那個物資困頓、訊息封閉的年代，凡是得到外來的一點新鮮訊息，人都像枯乾的海綿一樣，怎麼吸都吸不飽。王行恭表示：「大家都是放牛吃草，倒也個個頭好壯壯。」細數當今台灣藝文界不少卓然有成的風雲人物，從李泰祥、黃永松、奚淞以及後來的李安，早年都是出身國立藝專。「現在回想起來，當年沒有資源，竟是成就了我們的最大資源。」[7]由於王行恭興趣駁雜，舉凡電影、戲劇、雕塑、美術和設計等無不涉獵，甚至還把校內各個創作領域的同儕匯聚在一起辦展，稱之為「一群展」，顧名思義即是「一群人的展覽」，卻也因此引來警總的關注。彼時正值白色恐怖戒嚴整肅、校內風聲鶴唳之際，先是有藝專美術系助教吳耀忠因「民主台灣同盟案」與陳映真、邱延亮等人被捕（一九六八年五月），隨即又有任教於藝專影劇科的廣播劇名角崔小萍以匪諜罪嫌遭警總逮捕，史稱「崔小萍事件」（一九六八年六月）[8]。所以各類公開展演活動甚至讀書會等，凡是任何「聚眾」之舉措都有可能冒犯當權者的忌諱。

然而，對王行恭來說，校園不單是念書的場域，也是追尋自由與公理等價值的起點。「自己的生活自己選擇……，只要行得直、坐得正，天塌下來也不用怕。」儘管求學生涯幾度面臨風雨，但他總是不忘兒時母親常留耳邊的這句叮囑。

經歷手工年代的廣告設計生涯

「當時我經常思考，在我的生命中除了廣告以外，究竟還有沒有第二個選項？最後我選擇了進廣告公司，理由很簡單，像我們這些喜歡畫畫的人，當年是唯一可以靠這過生活的……」[9]

一九七〇年，王行恭二十三歲，他從藝專畢業，服完一年十個月的預官役之後，先是考入台灣廣告公司擔任實習設計員，試用兩個月後跳槽進入劍橋廣告公司，擔任美術設

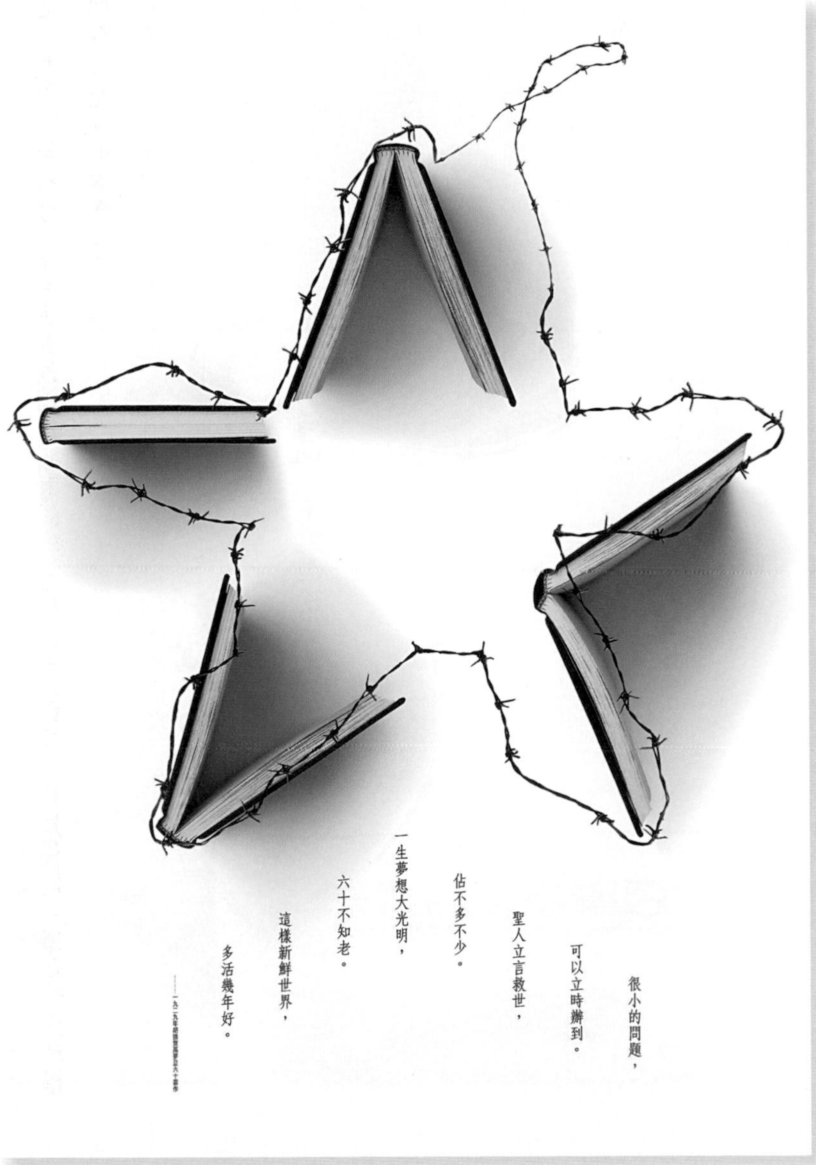

在白色恐怖的戒嚴時代，許多島內青年學子只因參加讀書會就被逮捕移送綠島，自此走上了布滿荊棘的苦難之途。2007年王行恭設計「My reading image」（我的閱讀經驗）海報作品。（王行恭提供）

計兼負責廣告攝影工作。那年代正值活字排版的末期，照相植字[10]才剛引進台北。當時報紙副刊插畫稿費一幀八十元新台幣，照相植字則是，二十四級以下每個字，長期客戶折扣後一點二元，放大字則以一、二十倍的價格計。大抵從一九五〇到七〇年代，由於照相植字尚未普及且價格昂貴，活版（鉛印）字體的選擇亦少，遠不如手寫字體便宜且花樣多，遂使得那年代的設計師個個練就一手寫美術字的好工夫。

任職劍橋廣告期間，王行恭曾以從《Billboard》雜誌內某張流行音樂唱片刊頭字體得來的靈感，模仿那時候國外設計界剛出現不久、利用像是打孔紙卡的方孔造型組成文字特徵的Computer Data Type字型，作為美國藥商百服寧（Bufferin）委託設計進入台灣市場的廣告標題字。

一九七四年，王行恭進入國華廣告公司擔任藝術指導兼平面設計組組長，那年恰好與藝專同儕霍榮齡一起加入「變形

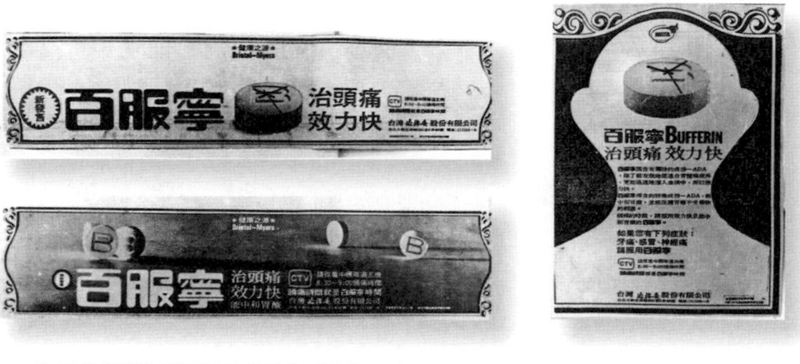

1973年王行恭設計美國藥商公司「百服寧」（Bufferin）廣告作品。（王行恭提供）

《影響雜誌》第11、12期封面，1975，封面設計：王行恭

《影響雜誌》第12期內頁，1975，版面設計：王行恭

蟲設計協會」。翌年夏天，王行恭正欲從國華廣告離職、準備出國讀書之際，他和幾位影癡朋友相約一同為電影季刊《影響雜誌》當義工，由王行恭負責美術編輯兼完成黑白稿的印前工作，其中有兩期（民國六十四年NO.11夏季號、NO.12秋季號）封面字體乃是他沿用先前「百服寧」廣告的Computer Data Type字型改作而來。當時在追求時髦的新鮮感驅使下，「照貓畫虎」設計出來的造字結果，雖然囿於有限的時間與經驗，仍未臻成熟，倒也因此留下了難得的設計史料。

在廣告界歷經三年（一九七二—一九七五）的實務洗禮，自云個性上不喜受人約束的王行恭，決定放下手邊工作，前往西班牙馬德里國立高等藝術學院繪畫系進修。

流浪到他方

由於年少時一度嚮往建築師工作，同時也懷抱著有朝一日能夠成為像畢卡索那樣藝術家的夢，王行恭選擇去西班牙念書。當時讓他印象比較深刻的，是選修建築學院建築概論的第一堂課，老師一開始便單刀直入地向學生提問：「建築是什麼？」「建築師是什麼？」從頭到尾就是讓學生不斷反思，也讓王行恭開始認真回想先前在《今日世界》雜誌看過的那些歐美設計大師的作品，將它們重新放到當時的社會環境、現實脈絡底下思考。而為了更清楚了解包浩斯（Bauhaus）[11]的建築構造細節，他甚至跑去當時仍屬東德管轄的駐地領事館，請求入境參觀。

課餘時間，王行恭經常去看西班牙當地的老房子、古建築，邊走邊看，也隨手拍了些照片作紀錄。「我特別喜歡地中海的那些建築師，」王行恭娓娓談道：「他們蓋的房子都是小房子，都是住家，沒有一幢長得一樣的，因為你的基地都不一樣，還有你的使用者也不一樣，所以他的房子……，那個差異性簡直是千變萬化。」[12]留學西班牙的經驗，讓他逐漸認清了建築的本質，也得以從現實面去深刻體會達利、米羅、畢卡索等藝術家的生存之道。

一九七六年底，王行恭從馬德里到巴黎流浪了一個月，翌年便以觀光理由直接轉往美國，申請進入紐約普瑞特藝術學院設計研究所視覺傳播設計系就讀。這時，他曾經砣砣以求的建築師與藝術家之夢就此結束，而轉往設計美學之路，展開另一段新的旅程。之後，王行恭花了僅僅一年的時間，即念完大部分想要修讀的課程，後來因為簽證即將到期，且當時離家已近三年，思鄉之情日盛，便決定先行回台。

古典中國的文化鄉愁

「相較於我們外省人的鄉愁，跟本省人的鄉愁之間，我個人是認為有差異，本省人的鄉愁是實實在在的某種在地鄉愁，它是一種實際的東西，而外省人的鄉愁卻是虛空的，尤其是我們這飄移的一代……。」[13]

兩歲那年隨家人來台定居，意即所謂「外省人第二代」的王行恭，從小並非在眷村長大，而是住在獨立的日本宿舍，鄰居包括本省人與外省人，小學就讀學區內更是以本省家庭居多，如此混居共處的生活環境，讓王行恭自幼便和許多當地小孩一起嬉遊、逛廟埕以及看布袋戲，並因此說得一口「輪轉」的台語。

過年過節的慶典儀式、初一十五祭拜神明及祖先的民俗活動，總是令王行恭感到相當有趣和好奇，比方：拜拜時為什麼一定要謝神、還願？當廟埕裡一個人都沒有時，戲班子為什麼還是照樣開演？又如：台灣為什麼會有鹹水粽、紅粽、甜粽……，這些都是中國大陸北方所沒有的。諸如此類的種種疑問，開啟了他重新認識、思考北方故鄉與以宗族廟宇為核心的台灣傳統社會間的文化差異。

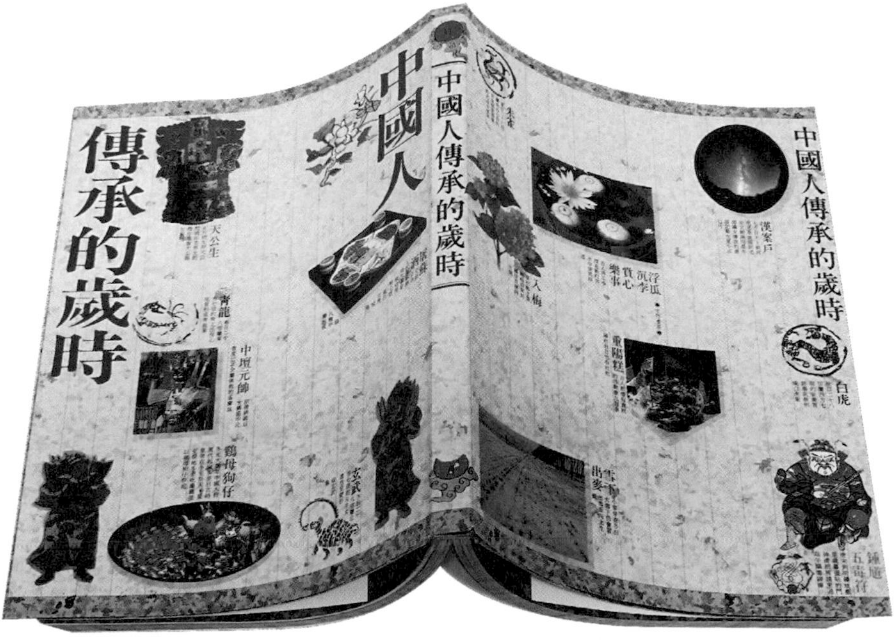

《中國人傳承的歲時》，馬以工主編（王行恭策劃製作），1990，自費出版，設計：王行恭

隨著年歲漸長，王行恭陸續在舊書攤發現了許多早期日本人調查中國東北、華北、滿洲以及台灣本地生活的田野資料，他找到一部日人小林里平在明治三十四年（一九〇一）出版的《台灣歲時記》，內容按一年四季的節氣時令分門別類，以圖文並茂的方式，詳細講述台灣各地的民俗祭典及儀式文化。他後來又經常在《銀花》季刊、《主婦生活》、《婦人畫報》等日文雜誌看到「歲時」這兩個漢字，這觸動了他的念頭，心想：為什麼我們自己不能把台灣本地的「歲時」文化整理出來、集結成冊呢？

職是之故，王行恭即開始著手進行此計畫，一九九〇年七夕那天正式出版問世，足足花了一年半的時間。過程中，王行恭每天追趕著時辰，敦請攝影師務必要趁當下那個「歲時」之際拍照取景（例如談到端午的午時水，即堅持一定要在午時拍攝），費心編排、整理圖說，終於與好友馬以工兩人共同出資完成了《中國人傳承的歲時》一書。初版首刷兩千本，其中一千本限量編號精裝版由文建會贊助印刷，並交付文建會當作贈禮，另外一千本平裝版在市面上販售。

回顧當年，這本《中國人傳承的歲時》，同時也是台灣第一本使用電腦組版的書。彼時中華彩色印刷公司剛剛進口全台第一部盤式電腦，工作間像實驗室一樣溫控無塵，進門還得脫鞋。當設計工作室人員以手工完稿後，再使用四分之三英吋帶（乍看就像是錄

《中國人的生命禮俗》，馬以工主編（王行恭策劃製作），1992，自費出版，設計：王行恭

影帶那樣）跑一趟程式組版，便能將書裡內頁所畫出寬度0.1mm的框線底紋圖形完全密接（這在早期手工製版的年代幾乎不可能做到）。再加上全書共請來二十二位攝影師、六位繪圖者，以及由漢聲雜誌社提供專業圖片，書中每一張圖片都是經過正式授權的，成本所費不貲。

所幸《中國人傳承的歲時》甫一推出便頗受好評，銷路不惡。不久便銷至第三版（大約四千本）。及至一九九二年，《中國人傳承的歲時》一書更獲頒「平面設計在中國」（深圳）展覽書籍裝幀金獎。那年王行恭又接續策畫製作了《中國人的生命禮俗》，由馬以工擔任撰稿主編暨發行人，形式上大致沿用了《中國人傳承的歲時》的編排體例，內容則偏重在

左：1993年王行恭設計作品入選「法國海報沙龍展」。（王行恭提供）
右：1987年王行恭設計文建會「傳統與創新」文藝季海報。（王行恭提供）

台灣民間常見的、從出生到結婚等的生命歷程相關禮俗。另外有趣的是，這類追尋傳統習俗文化的題材，當年不僅在台灣島內熱銷，也引起不少中國大陸讀者的鄉愁情懷，以致於彼岸坊間書市很快也模仿這兩本書的題材和版型，競相推出不少「山寨版」。

面臨困境當下唯一的出路，便是前方無路

「我常覺得我的藝術生命裡一半是傳統，一半是現代。」[14]

強調好的設計師一定要從小養成隨時觀察身邊環境習慣的王行恭，在他結束歐遊浪跡、並從美國求學返台那年，正值三十一歲（一九七八），起初先是在台北房屋公司任職企劃部經理，偶爾也接些零星的設計案，諸如幫文建會設計出版品與海報文宣，或替朋友的公司設計企業LOGO，或為熟識的出版界與作家友人設計書籍封面。一九八三年，進入國立故宮博物院擔任美術編輯，之後接連五度獲頒行政院新聞局「雜誌美術設計」金鼎獎。

自一九八〇年代以降，台灣資訊界相繼出現了三項新產品，進而對本地圖書出版產

業產生了極其深遠的影響，它們分別是：Alppe（蘋果）公司發表新型雷射印表機、Adobe（奧多比）公司在雷射印全機上裝設PostScript頁描述語言，以及Aldus公司推出PageMaker排版軟體。經由此三項科技產品的結合，很快便讓現代化電腦排版工具占居市場主流，舉凡一九八二年《聯合報》開始採用電腦檢排系統以加速報業產製流程，乃至一九八四年日茂彩色製版公司首度引進德國設備，率先邁入電腦分色組版作業時代，百年歷史傳統的鉛字排版發展迄今，台灣出版業者終在短短十年間完成了一場劃時代的媒介革命。

與此同時，伴隨著政治上的解嚴與報禁解除，乃至台灣對美貿易開始出現巨額順差、股市衝破萬點，以及強調「台灣錢淹腳目」，展現民間強大的經濟活力。而過去長期以來被視為藝術創作領域附庸的美術設計，很快也開始走向專業化、品牌化之路，民間許多個人設計公司或工作室相繼成立，其中包括王行恭於一九八七年自行創立的「王行恭設計事務所」。另外，國立藝專美術科畢業、年方二十七歲的呂秀蘭草創「民間美術事業有限公司」，也很快在台北設計圈內闖出名號，並由此提倡復古精神的手工書匠美學，還有畫家李蕭錕擔任設計總監的「漢藝色研文化事業有限公司」，創設之初即宣稱「出版最美麗的書」而享譽文化界。

這是一本封面沒有書名的書，因作者馬森認為只要書背有書名就可以了。照片為王行恭留學西班牙期間，經過直布羅陀、前往北非旅行時所拍下的。

——

《海鷗》，馬森著，1984，爾雅出版社，封面設計：王行恭

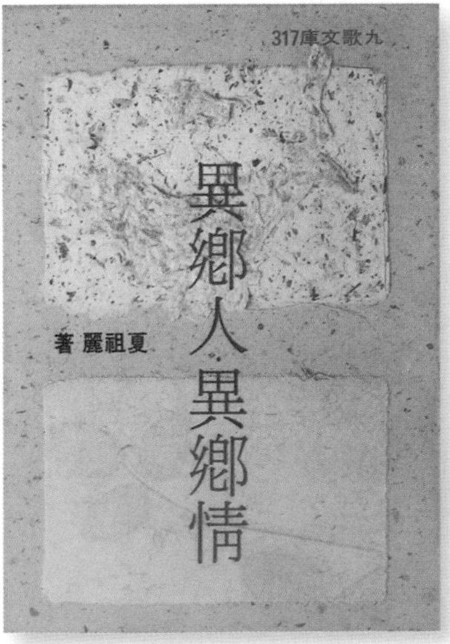

《異鄉人・異鄉情》，夏祖麗著，1991，九歌出版社，封面設計：王行恭

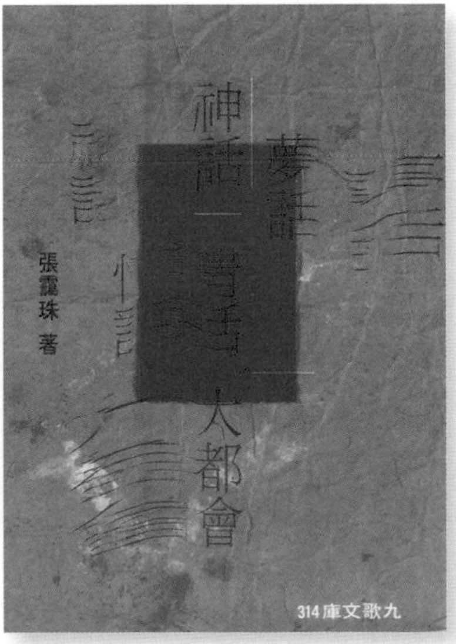

《神話・夢話・情話・大都會》，張藹珠著，1991，九歌出版社，封面設計：王行恭

其後因應印刷科技的進步，連帶促使原先的圖文排版能做更多變化，不少編輯人員也開始嘗試新的編排手法與視覺組合，若干雜誌刊物紛紛趁此機會進行改版或轉型。

對王行恭而言，偏好以攝影物件和隱喻手法從事創作的他，全然是把書籍設計視為一處舞台，「當我在做這本書的時候，封面設計一定跟這本書的內容有一些關聯，」王行恭強調：「我只能說我為這本書做了一點什麼東西，而非只是單純的排列字體和玩弄圖片造型。」[15]重點在於表達書的內容，以及作者本身的意念。

二〇〇四年，台北書展基金會首度創辦以「書籍設計」為主題的競賽獎項：「金蝶獎——平面出版設計大獎」，初選入圍者將由國際級專家評審團進行決選，而獲獎作品也將同時送往德國萊比錫角逐「世界最美的書」大獎。當時主辦單位希望能邀請杉浦康平來台灣擔任國際評審，於是便找來與杉浦康平熟識的王行恭擔任評審總召集人。此

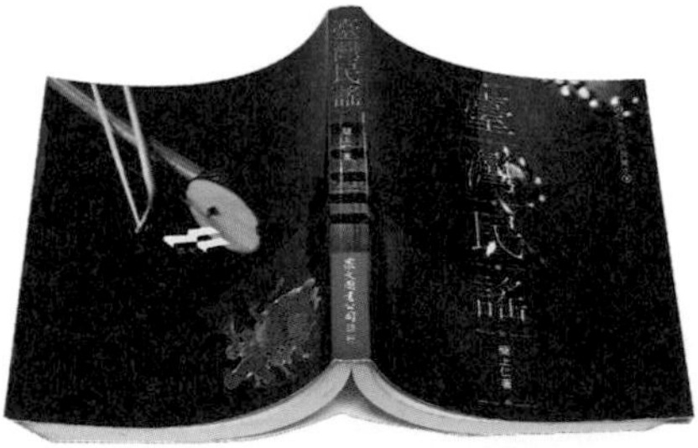

《台灣民謠》，簡上仁著，1987，眾文圖書公司，
封面設計：王行恭

《顏水龍畫集》，1992，國立歷史博物館，
封面設計：王行恭

後，「金蝶獎」每年定期舉辦，第十屆時曾一度傳出停辦消息，後來在國內各界的搶救呼籲下，所幸最終得以續辦，而幾乎每年固定出任評審總召集人的王行恭，毋寧也成了名副其實的「金蝶獎之父」。

對此，王行恭不禁感嘆：「雖然那年有些小挫折，但峰迴路轉，終究沒斷線……，我們不應該因為出版市場的侷限，而困在島上自我設限，擋了青年書籍創作者的機會。」而所謂的「封面設計」（Cover Design）畢竟不等同於「書籍設計」（Book Design），就像前菜不等同全餐一樣，金蝶獎最終是要送進萊比錫的大賽場，王行恭強調，一般書籍裝幀講求的是整本書裡裡外外的一切，尤其到了像萊比錫這樣的國際競賽，除封面的美之外，還講求適性，包括全書的用紙、選字、排版、印刷效果及裝訂等，封面只是其中的一項。

走過十多年的評選經歷，看過無數台灣年輕一輩設計師的書籍作品，王行恭無形中歸納出一條結論：設計往往反映了常民生活的美學，並非在效率化要求之下，經由刻意製造而產生的。「我們其實是有很好的書，但我們比較可惜的是，我們的書籍類別太窄，大部分都集中在文學類，」王行恭直言台灣出版市場現象說道：「還有一些就是非文學類的，都是在談吃吃喝喝的，像那一類的書，在市場上太多太多了，而且嚴格來講，它就不是一本可以流傳下來的書。」16

王行恭深信，設計本就存在生活當中，而設計力的提升，則關乎整個社會的層層面面，並非仰賴設計者個人所能解決。活在二十一世紀當下，面臨各類數位產品、電子資訊排山倒海般地入侵。教育，尤其是設計教育，無疑更需要不斷鼓勵實驗與創新，朝著獨立的前瞻思維和解決問題的方法，持續去發想、改變，如此才有存活的機會。「唯一的出路，即是前方無路。」「一花一草都能成就慧業，就端看個人的大智慧。」「當年雲門的創始者林懷民、金像獎導演李安等先輩不都也是這樣的過來人？」王行恭在他的畢業班學生修業結束、離校之前，總是會說幾句這類鼓勵的話，抑或不忘針砭當前教育官僚體制的沉痾。

從上世紀七〇年代親身參與、見證了戰後台灣第一個跨領域設計團體「變形蟲設計協會」的風華歲月，且於九〇年代首開風氣之先、積極推展日治時期台灣美術設計史料的保存及研究，乃至近十多年來一路扶持、維繫金蝶獎的傳承運作，並與國外書籍設計界代表人物（如日本的杉浦康平、中國的呂敬人等）持續往來交流，作為串接溝通橋梁、搭起海內外書籍設計交流平台的第一人，王行恭不惟始終默默堅守著對於創意、工藝與裝幀美學的精神理念，此亦呈現了知識分子的風骨、一份以書為媒的浪漫。

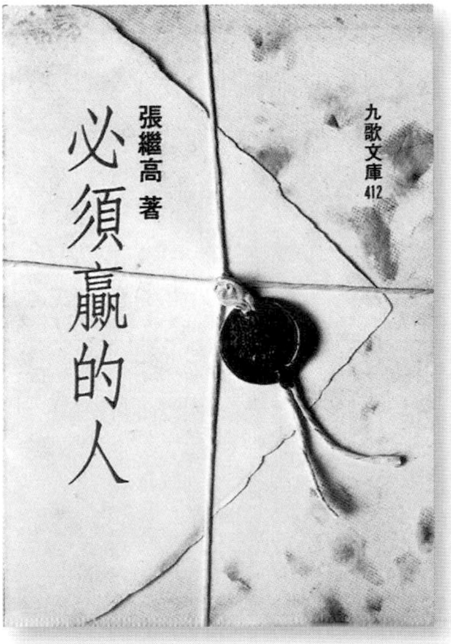

1995年，張繼高於著作出版前夕去世，為了傳達他寫作生涯的告一段落與總結，以及淡淡的懷舊感，王行恭特別找來日本藝術家製作的手抄紙數張，彼此層疊錯落，外加一條繩結和銅板，展現手工信箋一般的親近感。

——

【張繼高系列三書】《必須贏的人》、《樂府春秋》、《從精緻到完美》，1995，九歌出版社，封面設計：王行恭

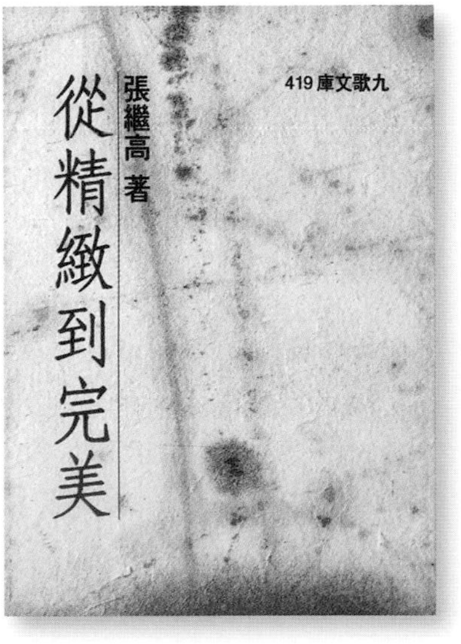

註釋

1 「變形蟲設計協會」成立於一九七一年，為台灣最早跨領域的設計團體，由當時畢業於國立藝專美術工藝科裝飾組的同班同學霍鵬程、陳翰平、吳進生、楊國台與謝義鎗五人共同發起，並於當年十一月十二日至十八日在台北市武昌街精工畫廊舉辦首屆「變形蟲設計展」。之所以取名「變形蟲」，是藉由一種最基本的單細胞動物，卻能隨時隨地改變、求新，不拘泥於固定形態，來傳達不斷尋求純真，為社會提供各種創新觀念的理想。當年「變形蟲設計協會」在設計上的執著與理念，深深地影響了台灣一九七〇到九〇年代的設計環境。

2 藍麗娟，二〇〇五，〈王行恭：設計師應該讀詩〉，《天下雜誌》第三三四期，頁七〇—七一。

3 王行恭訪談，二〇一四．十．十七，於王行恭設計事務所。

4 二十世紀美國六〇年代最具影響的設計團體之一，最初由一群藝術和設計學院的畢業生所組成，他們主要集中在紐約，彼此志同道合、經常交流設計想法，後來合夥出版了一份名為《圖釘年鑑》（The Push Pin ASlmanac）的刊物，並於一九五四年正式成立「圖釘設計工作室」（Push Pin Studio），成為紐約新一代平面設計的中心。

5 根據王行恭口述回憶，當年報考大專聯考術科時，正逢該術科的主考官黃君璧視察考場，不甚喜歡其人其畫的王行恭一時玩心大起，故意仿齊白石畫了一隻螃蟹，還題字曰「看你橫行到何時」，黃君璧因此氣得拍桌罵人，是謂「螃蟹事件」。

6 王行恭自言原本理想中的第一志願是東海建築系，因當時系上師資有漢寶德，人文氣息較濃厚，但他自估應是考不上，所以轉而選擇藝專。

7 王行恭訪談，二〇一四．十．十七，於王行恭設計事務所。

8 早期電視媒體尚未普及的一九五〇、六〇年代，崔小萍堪稱當年最富盛名的廣播劇導演及女主角，她在中國廣播公司任職期間製作了七百多部廣播劇，同時也和導演李行合作多部電影，並以《懸崖》一片獲亞洲影展銀鑼獎（最佳女配角）。一九六八年崔小萍因被人密告而遭警總羈押，之後以「匪諜」罪嫌判刑，一審判無期徒刑，二審判十四年。一九七五年獲減刑，後因蔣介石過世大赦，於一九七七年出獄。出獄後一切歸零的她仍堅持站上舞台，繼續她所深愛的表演藝術。一九九八年崔小萍重返中廣製作廣播劇經典劇場，二〇〇〇年崔小萍獲得廣播金鐘獎終身成就獎，同年她也洗刷了冤情，獲得了國家賠償。

9 王行恭訪談，二〇一四．十．十七，於王行恭設計事務所。

10 照相植字，又稱寫真植字，其基本原理是把活字模版上的文字與數字，通過光學攝影的方式，印到感光相紙上，達到印刷製版的目的，又可根據不同要求，將其改變成長體、扁體或斜體（裝有變倍鏡頭）。照相植字的用途很廣，它不僅能對各種圖片加注文字和各式標記，並能用於電影廣告。

11 包浩斯（Bauhaus），正式名稱為國立包浩斯學校（Staatliches Bauhaus），此處「Bauhaus」一詞主要為德文Bau-Haus組成（Bau意指建築，動詞bauen為建造之意；Haus為名詞，意指房屋），於一九一九年由建築師格羅佩斯（Walter Gropius, 1883 - 1969）在德國威瑪創立，是一所藝術和建築學校，講授並發展設計教育。一九三三年在納粹政權的壓迫下，包浩斯宣布關閉。總體來說，現今提及「包浩斯」已不單指一所學校，而是囊括其倡導的建築流派與風格。包浩斯注重建築造型與實用機能合而為一。此外，包浩斯對現代藝術、戲劇、工業設計、平面設計與室內設計等各領域也都具有深遠影響。

12 王行恭訪談，二〇一四．十．十七，於王行恭設計事務所。

13 王行恭訪談，二〇一四．十．十七，於王行恭設計事務所。

14 王行恭訪談，二〇一四．十．十七，於王行恭設計事務所。

15 王行恭訪談，二〇一四．十．十七，於王行恭設計事務所。

16 王行恭訪談，二〇一四．十．十七，於王行恭設計事務所。

王行恭　年譜

一九四七　出生於遼寧省瀋陽市。

一九七〇　國立台灣藝專美術工藝科畢業。同年日本舉辦亞洲首次的萬國博覽會在大阪開幕。

一九七二　考入台灣廣告公司擔任實習設計員，兩個月後離職進入劍橋廣告公司擔任美術設計兼攝影。

一九七四　進入國華廣告公司擔任藝術指導兼平面設計組組長。同年與霍榮齡加入「變形蟲設計協會」。

一九七五　從國華廣告公司離職，前往西班牙馬德里國立高等藝術學院繪畫系進修（肄業）。

一九七六　年底，從馬德里流浪到巴黎待了一個月。

一九七七　申請進入美國紐約普瑞特藝術學院設計研究所視覺傳播設計系就讀。

一九七八　回台擔任台北房屋公司企劃部經理。

一九七九　獲頒時報最佳廣告獎與廣告金牌獎。

一九八一　與凌明聲、廖哲夫、胡澤民、蘇宗雄、霍榮齡、張正成、黃金德、陳偉彬、陳耀程、王明嘉與劉開等資深設計師成立了「台北設計家聯誼會」，由蘇宗雄擔任首屆會長，假台北市

王行恭近年尤其致力於美學教育推廣工作。（王行恭提供）

一九八三　春之畫廊舉辦會員設計作品展。
一九八四　進入國立故宮博物院擔任美術指導暨執行編輯。
一九八五　以《故宮文物月刊》獲頒行政院新聞局美術設計金鼎獎。
一九八七　以《故宮文物月刊》獲頒行政院新聞局美術設計金鼎獎。
一九八八　創立「王行恭設計事務所」。同年在東海大學美術系擔任講師，並以《大自然雜誌》獲頒行政院新聞局美術設計金鼎獎。
一九九二　以《大自然雜誌》獲頒行政院新聞局美術設計金鼎獎。
一九九三　與馬以工共同企劃製作《中國人傳承的歲時》，並獲頒「平面設計在中國」（深圳）展覽書籍裝幀金獎。
一九九四　入選法國國際沙龍展（巴黎）並進入決選。同年自費編印出版《日據時期台灣美術檔案》，獲頒行政院新聞局美術設計金鼎獎。
一九九八　策劃行政院文建會【環境與藝術】叢書《中國傳統市招》。
一九九九　作品獲選中國北京「華人平面設計百傑」。
二〇〇四　編撰「國立傳統藝術中心」傳統藝術叢書《台灣傳統版印》。
二〇〇五　擔任第一屆「金蝶獎——平面出版設計大獎」評審總召集人。
　　　　　擔任第二屆「金蝶獎——台灣出版設計大獎」評審總召集人。

二〇〇六　擔任第三屆「金蝶獎——台灣出版設計大獎」評審總召集人。
二〇〇七　擔任第四屆「金蝶獎——亞洲新人封面設計大獎」評審總召集人。
二〇〇八　擔任第五屆「金蝶獎——台灣出版設計大獎」評審總召集人。
二〇〇九　擔任第六屆「金蝶獎——台灣出版設計大獎」評審總召集人。
二〇一〇　擔任第七屆「金蝶獎——台灣出版設計大獎」評審總召集人。
二〇一一　擔任第八屆「金蝶獎——台灣出版設計大獎」評審總召集人。
二〇一二　擔任第九屆「金蝶獎——台灣出版設計大獎」評審總召集人。
二〇一三　擔任第十屆「金蝶獎——台灣出版設計大獎」評審總召集人。
二〇一四　擔任第十一屆「金蝶獎——台灣出版設計大獎」評審總召集人。
二〇一五　參與台北文學季特展講座「獨具匠心——手工時代的文學書裝幀設計」。
二〇一六　擔任第十二屆「金蝶獎——台灣出版設計大獎」評審總召集人。

2014年3月太陽花學運引爆行政院衝突流血事件，當晚警察毆打群眾強制驅離，手無寸鐵的學生躺在地上高喊「退回服貿」並痛批警方違憲。王行恭亦旋即以照片現身譴責國家暴力。（王行恭提供）

馬森

（林秦華攝影）

楊國台

Kuo-Tai Yang

刻鏤出前衛台式圖騰
跨媒材的創作實驗

「美術設計」（Art Design）最早在台灣出現，乃是源自傳統純粹美術（Fine Art）過渡至現代「設計」（Design）專業的產物，且因其彼此之間的知識領域、養成教育乃至表現內容（包含造型、色彩、構圖等基本元素的視覺化組織安排）等，有不少共通之處，因此早期投入設計行業者大多是具有美術背景或由畫家兼職創作。

回溯一九六〇、七〇年代以降，台灣社會開始普遍使用的「美術設計」一詞，雖已大抵相當於『設計』，卻仍帶有某種鮮明的「圖案」

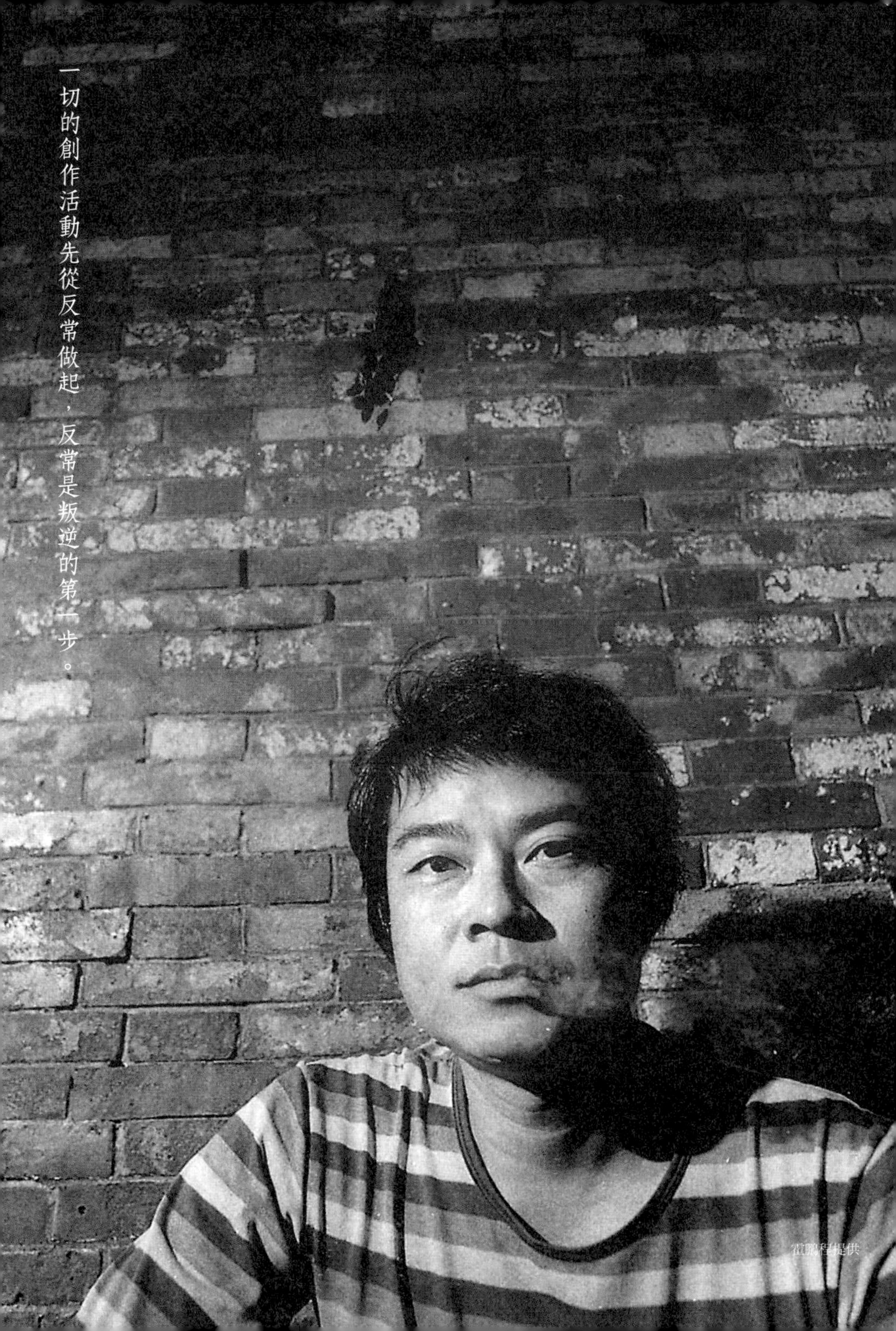

一切的創作活動先從反常做起，反常是叛逆的第一步。

霍鵬程提供

（Pattern）裝飾性格。畢生以創作絹印版畫為職志的楊國台（一九四七—二〇一〇），可說是當時作品產量最豐盛、運用造型色彩最亮麗大膽的一位美術設計家。

楊國台在台南安平小鎮出生成長，故鄉老街的古意和純樸，臨岸鹹鹹的海風和魚腥味，漁船豔麗而剝落斑斑的油漆，廟埕戲台的鑼鼓喧聲，以及布袋戲偶在師傅掌中不斷翻身躍起，伴隨他度過了五彩繽紛、歡暢淋漓的童年歲月，促使他日後的藝術創作，每每摻有一股濃烈的鄉土氣息與鮮明的俚俗色彩。

年輕時候的楊國台，個性執著而有原則，感覺敏銳而富活力，待人處事既細心又豪爽。他熱愛蒐讀現代詩——特別是一九六〇年代洛夫、鄭愁予、余光中的作品，以及包括《笠》詩刊與《現代文學》等藝文刊物，年輕時甚至經常寫些教人看不太懂的現代詩。同時熱衷研究佛經，因此他的創作版畫、海報設計與書籍裝幀作品中，環繞了不少關於詩與民俗風土等主題。

一九七〇、八〇年代，楊國台替《幼獅文藝》雜誌、幼獅文藝叢書、《主流詩刊》、長河出版社、大漢出版社設計製作了為數相當可觀的文學書籍封面。他認為中國文字的造型結構很能夠代表東方文化獨有的色彩，因此在設計裝幀作品裡常嵌入詩文內容，透過詩的意象，孕育出屬於古典中國的精神面貌。

《眾樹歌唱：歐洲、拉丁美洲現代詩選》，葉維廉譯，1976，黎明文化，封面設計：楊國台

在那個「藝術」與「設計」兩者之間混沌不明、若即若離的年代，楊國台即已開始思考如何透過版畫的表現形式融入設計者的創意，加上嶄新的觀念與配色，將版畫藝術當作通往現代設計的媒介。藝專在學期間，還與同儕好友創立了台灣第一個由學生身分組成的設計團體「變形蟲設計協會」，他們不僅大膽運用圖案設計、攝影、插畫與版畫等多元媒材和自由配色（偏好鮮豔的色彩）來表現傳統民間文化，甚至還將抽水馬桶搬到設計場上作為「裝置藝術」新嘗試，由此開創前所未見的新視野，對一九七〇年代台灣保守的設計環境產生了巨大衝擊。

從學校畢業後，楊國台先是進入廣告界，後來又轉而投身房地產事業，與友人一同到高雄成立漢聲廣告公司，一做就是二十幾年。看在昔日老友霍鵬程眼中，楊國台是一個成功的商業設計者與生意人，兼具強烈的藝術家氣質與旺盛的工作熱忱（據說他能夠在一個晚上做好一個大企畫案的全部設計草圖）。而他每年參與「變形蟲設計展」，都會盡力提出最豐富的作品，尤以色彩豔麗、造型簡潔、表現傳統民間文化的絹版印刷為主，創作內容多具有某種超現實的想像，以及不同物像符號拼貼組合的圖案趣味。

至今回顧楊國台的設計作品，仍可隱約感受當年「變形蟲」引領前衛實驗的反叛精神。

《詩和現實》，陳芳明著，1977，洪範書店

《白玉苦瓜》，余光中著，1974，大地出版社

《草葉集：惠特曼詩集》，吳潛誠譯，1976，桂冠圖書公司

封面設計：楊國台

藝專時期「變形蟲」的誕生

祖籍廣東蕉嶺，一九四七年出生於台南安平的楊國台，父親為鹽務局員警。從小在海邊長大的他，小學就讀當地的西門國小，初中念長榮中學，高中負笈台南二中，十九歲那年（一九六六）高中畢業、旋即考入國立台灣藝術專科學校美術工藝科（簡稱美工科），相繼結識了一批意氣相投、且對於當時台灣設計環境懷有滿腔熱情與理想抱負的同儕，從此踏上了他鍾愛一生的美術設計之路。

當時的國立藝專美工科主要是從日本引進「包浩斯」[1]的設計教育理念，分為兩組，一是裝飾設計組（類似現今的平面設計或視覺傳達設計），另一是工藝設計組（類似今日的工業設計或產品設計），科主任為施翠峰。開辦初期，藝專美工科雖尚在起步階段，卻不乏由一些影響台灣近代美術甚鉅的知名藝術家出任教職（包括教授藝術理論的施翠峰、繪畫課程的李梅樹與李石樵、平面設計的沈鎧與高山嵐、工藝課程的顏水龍與王修功，以及指導攝影的郎靜山等），堪稱台灣早年培育專業設計人才的重要搖籃。

藝專一年級時（一九六六），楊國台與來自澎湖馬公高中的陳翰平、宜蘭頭城高中的

自1973年起，楊國台開始擔任《幼獅文藝》雜誌封面設計及藝術顧問，同時為文學界朋友繪製書籍封面。當時楊國台特別喜好運用拼貼的方式，將來自不同現實的物件或平面圖像符號擺放在一起，透過重新的剪輯與組合，呈現出某些內在的情感聯繫及視覺張力，讓讀者對圖像產生不同的聯想。後來在變形蟲觀念展中，楊國台亦常將實物與平面圖像並置，以類似裝置藝術或超現實主義的表現手法來製造特別的效果，這在1970年代台灣算是很大膽的作風。

吳進生、台中一中的霍鵬程，以及竹東高中的謝義鎗住同一棟學校宿舍。到了下學期，五人搬出校舍，在學校附近租屋。課餘時間，他們經常相約出遊爬山、走街串巷，乃至談論有關設計與藝術創作的各種奇思異想，也常結伴參觀各種設計展覽，互相交流現代詩、電影、戲劇、設計與現代藝術等領域的雜誌書刊（比如黃華成主編的《劇場》雜誌），逐漸相知相惜，種下了五人往後四十年的深厚情誼。

根據多年前楊國台的訪談自述：「我們這幾個那時候不是乖乖牌，老師看到我們都很頭痛，那時候國文科、英文科沒什麼興趣，當時認為上那些課沒有什麼用。不過沈鎧老師的課我們都很認真，所做的作品都沒有話講，作品一交就交五、六件，又很大件。」[2]比起同輩學生，他們往往更有想法，不僅是學校極其活躍的風雲人物，也是某些師長眼中的頭痛分子。

一九六七年，同為藝專畢業的學長郭承豐及其好友李南衡、戴一義三人創立了台灣第一本現代化的設計雜誌《設計家》，首度將包浩斯概念引進台灣，並且立下「以設計美化中國」的豪語，不僅讓當時的台灣設計界大為驚豔、也令許多年輕人深受啟蒙，其後

1974年變形蟲五位創始會員於廈門街租屋處附近合影留念。（霍榮齡攝影，霍鵬程提供）

《灰鴿早晨的話》（平裝版），也斯著，1972，幼獅文化
《川端康成袖珍小說選》，川端康成著，1975，幼獅文化
《無違集》，姜貴著，1974，幼獅文化
《作家電影面面觀》，但漢章著，1972，幼獅文化

封面設計：楊國台

於翌年（一九六八年一月十四日）由郭承豐精心策畫、在台北市峨嵋街文星藝廊[3]舉辦為期兩週的「設計家大展」，更是浩浩蕩蕩地展出了包括海報、唱片封套、產品包裝、月曆、書籍封面、插圖、速寫、攝影、櫥窗設計等跨媒材多元內容，而當時仍在藝專就讀的楊國台亦以其設計作品「台灣觀光海報」參展。

就在「設計家大展」落幕之後，約莫又過了一學期，任教於藝專廣電科的廣播名人崔小萍即因爆發「匪諜案」而引起軒然大波，甚至風聞有教授在三更半夜被警備總部派車載走，校內外一時風聲鶴唳、人人自危，這也影響到當時的美術設計創作，畫家與設計家在構圖及用色等方面，都盡量避免觸犯執政當局的禁忌[4]。

儘管處在政治戒嚴、思想不自由的年代，卻仍阻擋不住這些銳意進取的年輕人試圖將其理念與想法傳達給當時的社會大眾。一九七一年十一月，霍鵬程、楊國台、陳翰平、謝義鎗與吳進生這五位甫從藝專畢業、剛踏入廣告設計界工作的年輕設計師，在台北市武昌街精工畫廊聯合舉辦了第一回「變形蟲觀念展」，「變形蟲設計協會」於焉誕生。

從一九七〇到九〇年代期間，變形蟲設計協會接連策畫、開辦了多場重大展覽，包括一九七二年「變形蟲觀念展」、一九七四年「中韓心象藝術展」、一九七六年「變形蟲夏展」、一九八四年「變形蟲年畫展」、一九八八年「變形蟲視覺展」等，透過這一連

臨畢業那年（1969），為了繳交畢業展作品，霍鵬程手繪了兩張變形蟲主題的海報，一張是變形蟲設計屋、一張是變形蟲咖啡屋。其構想意指「變形蟲」是最基本的單細胞生物，卻能隨時隨地改變、求新，不會拘泥於固定的形態。此一圖像的隱喻恰好符合霍鵬程、楊國台、陳翰平、謝義鎗、吳進生五人對設計的理想與抱負，因此後來便決定採用「變形蟲」作為新創立畫會團體的名稱。（霍鵬程提供）

1974年刊登於《幼獅文藝》第251期的「中韓心象藝術大展」廣告文宣。

1972年楊國台設計第二回「變形蟲觀念展」海報。（葉政良攝影，霍鵬程提供）

串「觀念展」、「藝術（視覺）展」的舉辦，「變形蟲」同人們不斷嘗試以圖案、攝影、插畫、版畫等多元媒材開拓設計創作的可能性，並且大膽運用圖案造型之間的拼貼組合，令人產生某種延伸的想像和隱喻（比如一九七二年「變形蟲觀念展」楊國台在一個蘋果雕塑上加裝水龍頭即代表「新鮮果汁」，在紅心上面放一只金龜便意味「徵婚」），甚至展出各種跨媒材的立體作品（例如把馬桶搬到展覽現場用來插花，抑或在馬桶蓋內伸出舌頭來代替衛生紙），成為當年仍處於摸索階段的「裝置藝術」先驅。

衡諸當時相對保守的設計環境下，變形蟲的出現不僅提供了許多異議觀念與創新思維，也深深影響了往後投身於美術設計領域的年輕一代。後來更引介日本與韓國設計師及其作品，成為第一個跟韓國日本做交流的民間組織，並促成了在台、韓、香港等地舉行多次跨國的「亞洲設計家聯展」，對於提升台灣設計文化在亞洲市場的國際視野有著莫大貢獻。

1976年「變形蟲夏展」在台北遠東百貨正式開幕。（霍鵬程提供）

「變形蟲夏展」楊國台作品展區。（霍鵬程提供）

獨鍾絹印版畫的圖像拼貼

「絹印」[5]版畫可謂是楊國台最專致發展、也最具個人風格的作品類型，而這可追溯到他即將升讀藝專三年級的一九六八年暑假。那時，他利用難得的假期，前往位於新莊的絹印工廠實習，鑽研有關製版、裱絹、刮色與套色等技巧，這段經驗，亦成為他日後從事藝術創作的重要過程。

觀諸彼時楊國台一心埋首於探究絹印媒材技法的那份狂熱，變形蟲成員霍鵬程曾撰文回憶：「在工作之餘，楊國台喜歡小飲幾杯，來舒展一下嚴謹的生活方式，酒過三巡以後，更以歌唱來抒發胸中的豪氣，然而除了工作之外，他把全部的精神與心血都投入在他的版畫創作中。」[6]

其後，經過多年深耕，楊國台在變形蟲時期所展出的作品，幾乎都是以現代科技精密分色製版的絹印版畫，昔日在藝專習得的基本圖案設計技巧，也不斷顯現在他的作品中。對此，同為變形蟲成員的老友謝義鎗予以極高讚譽：「楊國台的絹印版畫可以說是國內最亮麗色彩最豐富的一位，也是能將版畫中用『擇』色最淋漓盡致的一位現代藝術家。」[7]大致而言，早期他擅長以簡潔造型的草、木、魚、鳥、蝴蝶等作為平面設計與版畫題材，用色豐滿、構圖新穎，後來又運用照相製版與影像重疊技法，彼此錯位交織，表現出充滿戲劇化的視覺效果，形成一種宛如前衛裝置藝術般的時尚感。

及至一九七八年，正值台灣房地產相關行業開始蓬勃發展之際，楊國台毅然選擇離開了早昔被喻為「培養廣告人搖籃」的國華廣告公司，南下移居，來到終年陽光普照的高雄，他先是與變形蟲成員好友陳翰平加入漢聲建設，之後自組統領廣告，逐漸接觸市場業務，再改組為專家廣告公司，做起了房地產企劃銷售的工作。從市調、企劃到設計，楊國台皆可謂得心應手。霍鵬程對他的工作與版畫創作做了這樣的評述：「楊國台在處理日常工作上表現得有條不紊，贏得同伙和客戶的信賴與支持，即使在他版畫作品中，構圖

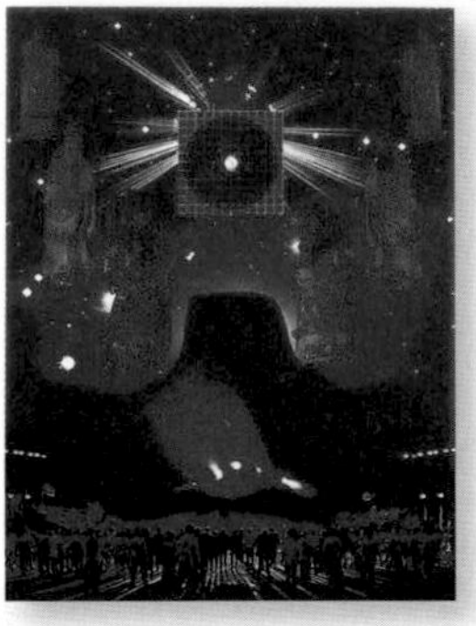

1980年楊國台的絹印版畫作品「現代啟示錄之一」。（霍鵬程提供）
1987年楊國台的絹印版畫作品「加官晉爵」。（霍鵬程提供）
1986年楊國台的絹印版畫作品「中國印象之三——天地人」。（霍鵬程提供）

1981年，由變形蟲設計協會與韓國的現代設計家共同舉辦「中韓俗語表現展」，楊國台發表了一系列（數位拼貼）絹印版畫，色彩鮮麗、想像力豐富，其中「酒樓．詩仙．度小月」更放進洛夫的現代詩、李白的傳奇故事為主題背景，也與傳統中國（建築）文化相呼應，開啟了一條文字與圖像結合之路。（霍鵬程提供）

的安排、色彩的選擇也表現得井然有序，相信這全得之於在廣告界的歷練，以及源自他母親整潔勤勞的天性所致」[8]。

興許受到楊國台選擇絹印素材所影響，有一段時期，變形蟲成員頻繁展出絹印版畫。直到一九八〇年代後期，變形蟲創作者仍以版畫設計為主軸，他們利用許多現成的圖案，加入了嶄新的觀念與配色，組合成一種全新的造型意象，將台灣的版畫與平面設計作品提升到一個新的層次。

結合東方古典與現代精神

「每一種藝術以及形式都是一個意志的表現，一個慾望的滿足，東方藝術產物使東方的藝術家得到信念，因為它的形式已經完全表現了他的意志，他在他的線條中得到了節奏，在他的色彩中得到和諧，在他的形式中得到完整。經過這段靜觀思變的醞釀期，從鄉土的藝術性表現東方古典與現代精神，正是我創作追求的。」

——楊國台，一九八七，〈創作隨想〉[9]

1988年「變形蟲設計協會」成員合照於台南安平。左起：陳進丁、謝義鎗、霍榮齡、楊國台、吳昌輝、李正鈥、霍鵬程。（林日山攝影，霍鵬程提供）

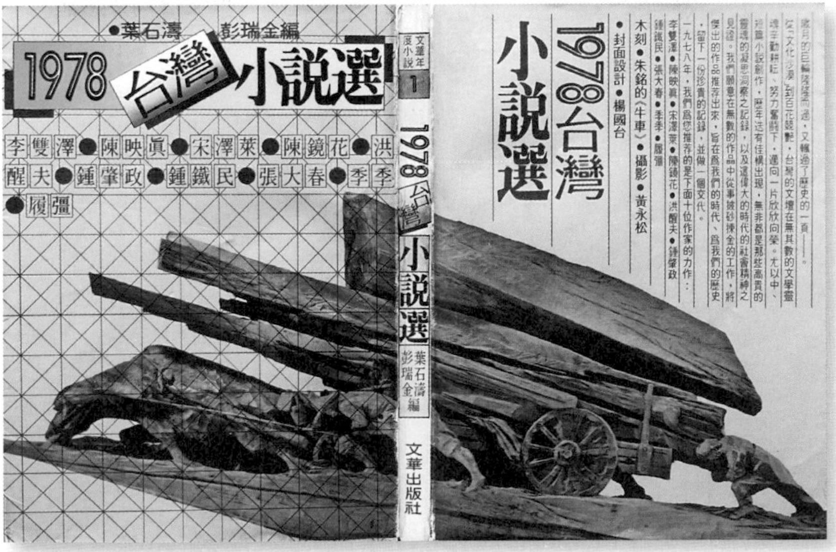

《關雲長新傳》，曲鳳還等著，1978，長河出版社，封面設計：楊國台

《1978台灣小說選》，葉石濤、彭瑞金編，1979，文華出版社，封面設計：楊國台，攝影：黃永松（朱銘木刻作品「牛車」）

回溯戰後一九七〇年代以降，台灣正面臨從農業社會過渡到工商社會的劇烈轉型，大量外資投入、外商企業紛紛在台成立分公司，在工商主導、經濟掛帥之下，傳統價值觀與生活方式均受到前所未有的衝擊。約莫同時，島內政治情勢亦開始面對一連串重大的外交挫敗（如釣魚台事件、中日斷交、中美斷交等），激發台灣社會與文化界興起一股強大的危機感與自覺意識，開始思考台灣未來的命運，並相繼引發一波波涵蓋政治、文學、藝術等各層面的鄉土運動。

就在這樣的時空背景下，台灣美術界開始盛行鄉土寫實繪畫，許多畫家紛紛走入鄉間，農村、稻田、斷垣、殘壁等充滿鄉土氣息的懷舊題材，成為當時台灣美術創作的主流。至於「設計」，則是尚處在摸索階段（例如楊國台、霍榮齡、王行恭等人，都是台灣戰後最早接受設計教育養成的先行者，並試圖從中找出屬於自己的方向），遊移在純粹美術和商業美術之間，彼時絕大部分關於「設計」的新思潮概念，幾乎都是從西方或日本移植而來。

然而，伴隨著某些新興產業的蓬勃發展，例如廣告公司的企畫設計、媒體電視台的美術指導、報紙副刊的插畫美編等，大環境卻也充滿了機會。例如《聯合報》、《中國時報》、《皇冠雜誌》、《幼獅文藝》相繼採用一些具設計概念的插畫家（如高山嵐、龍

《崩山記》，鄭煥著，1977，文華出版社
《望春風》，鍾肇政著，1977，大漢出版社
《白衣方振眉》，溫瑞安著，1978，長河出版社
《朝鮮的抗日文學》，鍾肇政譯，1979，文華出版社

封面設計：楊國台

思良、沈鎧等）、以不同於以往的插畫方式來做平面設計與視覺規劃。

置身於台灣一九七〇年代所掀起一股理想狂飆的時代氛圍，楊國台在參與變形蟲期間，於創作上經常將傳統文化元素擷取應用到現代的視覺語彙當中，並且賦予其新生命。衡諸文字與思想的部分，楊國台對於詩書禮樂的古典中國文化傳統始終充滿孺慕之情，同時不能也不願忍受社會既有規範束縛。而在取材上，受故鄉台南安平的鄉土元素影響，那些埋藏在他內心深處的畫面聲音，例如：一抹豔陽下的小鎮巷弄，鑼鼓喧囂的野台，舊式老屋的獅頭與門神，廟口空地上正搬演著《七俠五義》的布袋戲偶等，諸如此類的意象，總是不斷浮現在他的絹印版畫與平面設計作品中。於此，我們或許亦能從他三十一歲時所寫下的現代詩作〈歲月．戲台．笑〉內容略見端倪。

一口氣吹皺了三千里魚尾紋路　　在晨昏的日曆中霍霍飛揚
眼角邊是道彎彎的河流　　揚起一臉風霜雨露
老化將我豎起一臉方方正正的旗幟　　勾起一臉歲月痕跡

《潭仔墘札記》，黃勁連著，1982，水芙蓉出版社
《四大名捕會京師》，溫瑞安著，1977，長河出版社
《劍試天下》，溫瑞安著，1978，長河出版社
《神州奇俠》，溫瑞安，1978，長河出版社

封面設計：楊國台

就成了一幅秋割後的田地
古董店與博物館是萬萬去不得的
還是把他掛在人間走廊迎風招展吧

笑一笑啊！即使是笑一笑
也是強顏歡笑
把笑聲築在一臉方方正正的戲台上
笑出人生百態

你看我像是丑角嗎
我是「未出風塵生死客，
生死由我定生死。」
從布袋戲演到皮影戲
從北京戲唱到歌仔戲
從古戲笑到今戲
當你看我時
我感覺得到
我在戲裡，你在戲外
當我看你時
你渴感覺得到？
你在戲裡，我在戲外
而你而我，戲裡戲外，都是戲
唱完旦角改丑角，卸下貧道換妖道
我們都活在一臉方方正正的戲台上

——楊國台，一九七八，〈歲月·戲台·笑〉[10]

昔日友人口中的「老楊」，是一個執著而又有原則的詩人設計家，謝義鎗說他的詩：「讀起來有一種悲壯而蒼涼的感覺……，當他飲酒吟詩之時，你會被他那種誠意與豪氣逼得透不過氣來。而我常常在想他非常適合去當一個舞台的表演者，從小看的布袋戲，好像永遠留存在他腦海中。」[11]

一九七〇年代初期，楊國台結識了來自台南佳里的同鄉前輩作家黃勁連，隨後著迷於現代詩寫作，並為黃勁連等人所創設「主流詩社」發行的《主流詩刊》設計封面。黃勁連一九七五年退伍後，與朋友在台北士林創辦大漢出版社，接連出版不少文學作品，諸如李昂嶄露頭角的小說集《人間世》、曹又方的小說《纏綿》、王璇的散文《長鋏短歌》、莊金國的詩集《鄉土與明天》等。數年間，該社陸續發行【大漢叢書】、【大漢新刊】、【大漢文庫】、【大漢傳記文學】等藝文出版品共數十種。這些書籍封面設計均由楊國台一手包辦，色彩和風格都一如他的拼貼絹印版畫，顏色斑斕，新舊元素並陳，充滿了傳統圖案裝飾意味的俗豔美感，展露出一種熱鬧喜氣如年畫般的面貌。

就像許多藝術家和設計家一樣，楊國台也有蒐集東西的嗜好。楊國台從年輕時便喜歡收集與台灣民俗生活相關的藝品，包括傳統的布袋戲偶、古厝門窗的木雕、屋脊上的陶塑像，以及早期的木作家具和陶瓷器皿等。據說他高雄家中除了擺置太太阿霞（林素霞，也是楊國台在藝專的同班同學）的陶藝作品外，還有許多珍奇的器具與老物件。它們被很有秩序地收納著，甚至包括他學生時代的作品、工作上的相關資料，每一樣都編號完整，存放得規規矩矩、一絲不苟（據說就連廣告顏料的瓶子或浴室毛巾，都按照顏色順序排好）。這些收藏品不僅帶給他許多創作上的靈感，亦成為他覽物思情的心靈寄託。

綜觀楊國台的設計作品，處處可窺見他熱愛台灣鄉土文化、鍾情於民藝品收藏的生活痕跡，且往往具有強烈的符號特徵與鮮明的裝飾性，又受到一些商業廣告設計（例如普普藝術和後現代主義的拼貼手法），以及印刷媒介（例如絹版疊印方式）的影響，但最終都一一重塑出屬於他自身特有的節奏和韻味，氣息與靈魂。

狂飆時代的台味美學

「我經常在想，一個從事藝術的工作者，要從讀書、工作、生活中去體驗去感受，建立一套自己的思想體系、技法與風格，而不應受原有形式、技巧的束縛和限制，這樣的創作方

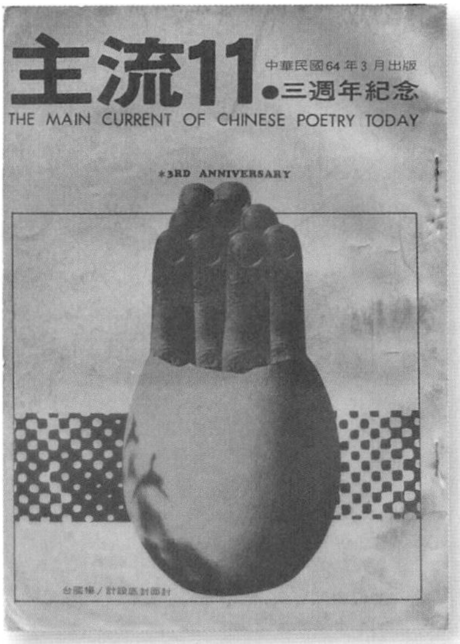

1973至1976年楊國台設計《主流詩刊》（第9期到12期，出刊日期不定）雜誌封面。喜愛寫詩、熱衷絹印版畫的他，除了平日在廣告公司上班之外，同時也經常義務幫忙文學圈的朋友們繪製書刊封面。其早期作品多以鮮明色彩與簡潔造型的絹版印刷為主，之後又融入照相製版與影像重疊技法，以不同排列對比的拼貼手法，營造出既前衛又兼具時尚感的圖像風格。

能求新、求變，求新不一定是對，但新又好卻是絕對的，而變是一次突破、一個經驗、一番陣痛、一種過程，靜觀思變方能求新，這樣的作品方能平原極目，天地開闊意氣風發。」

——楊國台，一九八七，〈創作隨想〉[12]

回首過去，於戰後出生的新一代島內青年，在接受與完成高等教育的一九七〇年代前後，正處在一個新舊交替、所謂「本土傳統文化」與「西方思潮」相互衝擊的啟蒙時期。楊國台即見證了這個空前劇變的時代。他的作品在形式上每每秉承包浩斯「理性主義」（Rationalism）與「構成主義」（Constructivism）傳統，追求一種規律有秩序、非個人的、理性化的設計風格，因此經常使用三角形、方形、圓形及其變形等單純的幾何圖形作為造型基礎，同時採用大量的拼貼圖案，作品主體明確、構圖嚴謹有致，而且充滿了力量。

在視覺上，楊國台喜好使用偏於鮮麗的色彩，配合絹印顏料的沉厚和線條的瀟灑，構成了既華麗又俗豔的色感，發酵為一種濃嗆的、難以歸類的俚俗台灣味。此外，他亦時而援用普普藝術與後現代主義的隱喻及諷刺創作精神，將圖案主題做反覆、倒置、疊影等處理，來表現他對台灣鄉土與傳統民俗文化的特殊情感。

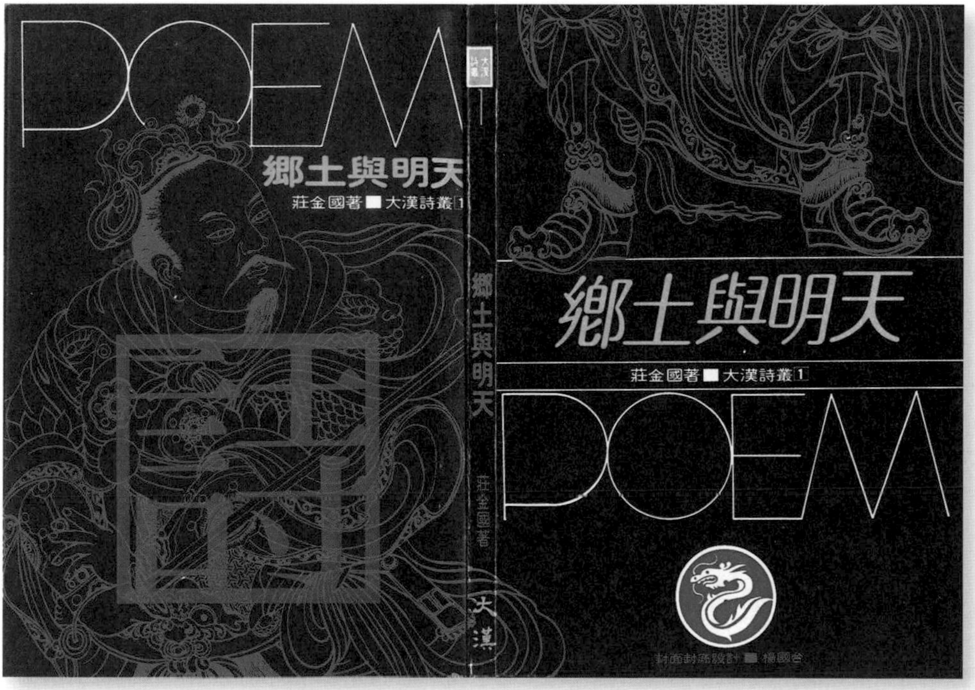

「主流詩社」成員包括：黃勁連、羊子喬、黃樹根、龔顯宗、德亮、陳寧貴、楊國台等，每逢假日閒暇，常在由莊金國開設、位於高雄苓雅區高師大附近的「主流書局」喝茶聊天、談文論藝。當年莊金國交付黃勁連所創立的「大漢出版社」出版第一部詩集《鄉土與明天》，收錄他十多年來默默埋首筆耕、描述高雄風土人情的現代詩作共70餘首，宛如一部刻畫細膩、意象鮮明的文學鄉土誌。

《鄉土與明天》，莊金國著，1978，大漢出版社，封面設計：楊國台

「一切的創作活動先從反常做起，」楊國台對此強調：「反常是叛逆的第一步，什麼是反常？從原級觀念中先行否定已成的習性，再尋求壯烈的突破，造成視覺面貌的新經驗，給人新奇而有磅礴的衝擊氣勢。當然觀念的變遷是思想激發變異的因素，有了以上則反常方能起步，立足點才有基礎，這是一種豪氣，一種勇氣……。」[13]

身為一個現代藝術跨媒材實驗的先行者、兼具理性思考與鄉愁情懷的美術設計家，在楊國台有限的生命年歲裡，那些最富原創性和衝擊力道的絹印海報作品以及書刊封面設計，幾乎是密集且大量地集中在他早期參與創立「變形蟲設計協會」之後，乃至他毅然決定離開廣告設計公司、南下高雄定居從商，直到解嚴前後的這短短十多年間（一九七一－一九八七）。由大環境觀之，彼時一九七〇年代知識分子開始對民族意識和現實環境萌生自覺和批判，進而掀起了回歸本地的鄉土（文化）運動風潮，以及一九八〇年代伴隨著經濟轉型而渴望求新求變的民間社會革新氛圍，毋寧構成了他作品當最鮮明的時代印記。

若以今日的觀點來看，大半輩子都在南部度過的楊國台，不惟性格言行透露著濃厚的草根氣息，就連從事創作時也偏愛使用各種鮮豔斑斕的色調（例如他替長河出版社、大漢出版社設計的一系列文學書封面），更常把不同年代的新舊東西拼貼在一起，其作品

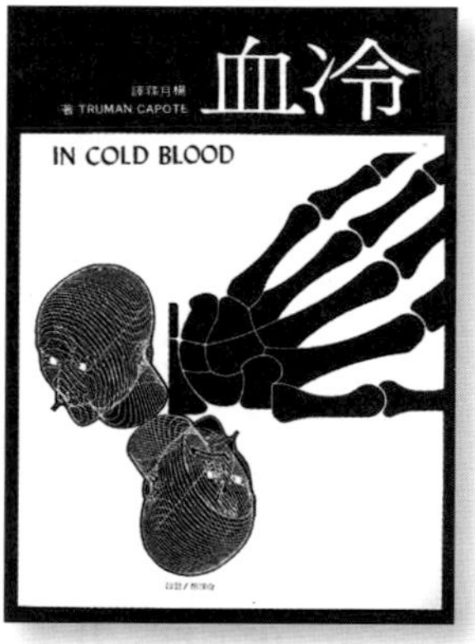

《人間世》，李昂著，1977，大漢出版社
《冷血》，卡波第著，楊月蓀譯，1978，長河出版社
《纏綿》，曹又方著，1977，大漢出版社

封面設計：楊國台

楊國台　年譜

一九四七　出生於台南安平。

一九六六　進入國立台灣藝專美工科就讀。

一九六八　參與《設計家》雜誌發行人郭承豐籌辦的「設計家大展」。同年利用寒暑假前往新莊的絹印工廠實習，研習製版、裱絹、刮色、套色等技巧。

一九六九　從藝專畢業。同年參與第一屆「中華日曆設計展」獲頒廣告金牌獎。

一九七一　與藝專同學吳進生、霍鵬程、陳翰平及謝義鎗共五人在台北市武昌街精工畫廊舉辦第一回「變形蟲設計展」。

一九七二　八月郭承豐創立《廣告時代》雜誌，楊國台擔任總編輯。十一月在台北市武昌街精工畫廊參與第二回「變形蟲觀念展」。

一九七三　擔任《幼獅文藝》雜誌全年封面設計及藝術顧問。

一九七四　透過施翠峰的引薦，與韓國的現代設計實驗作家們在台北淩雲畫廊共同舉辦了「一九七四中韓心象藝術展」。同年開始在《中華日報》擔綱副刊插畫工作。

一九七六　參與第四次變形蟲夏展。

楊國台攝於1976年「變形蟲夏展」。（胡政雄攝影，霍鵬程提供）

一九七八　從國華廣告設計公司離職，南下高雄定居並從事房地產企劃銷售。
一九七九　參與第五次中韓現代藝術群展及第二回韓中國際GRAPHIC展（漢城）。參與第六次中韓趣味設計展。
一九八〇　第三回韓中國際GRAPHIC展（漢城）
一九八一　於台北春之藝廊參與「中韓俗語表現展」，發表一系列（數位拼貼）平版畫作品。
一九八四　參與第三回亞細亞設計交流展。同年開始在《台灣時報》擔綱插畫工作。
一九八五　改組設立「專家廣告」公司，擔任總經理。
一九八六　獲第四屆高市美展設計第一名。
一九九三　擔任高雄市立美術館版畫組典藏委員。
一九九四　參與變形蟲海峽兩岸版畫交流展。
二〇〇七　參與「尋找創意台灣」（Search for Creative Taiwan）海報設計展。
二〇〇八　參與「尋找創意台灣——變形蟲視覺藝術展」巡迴展（台南縣立文化中心、高雄縣立文化中心、真理大學麻豆校區）。
二〇一〇　因腦溢血驟逝於高雄醫學院，享壽六十三歲。

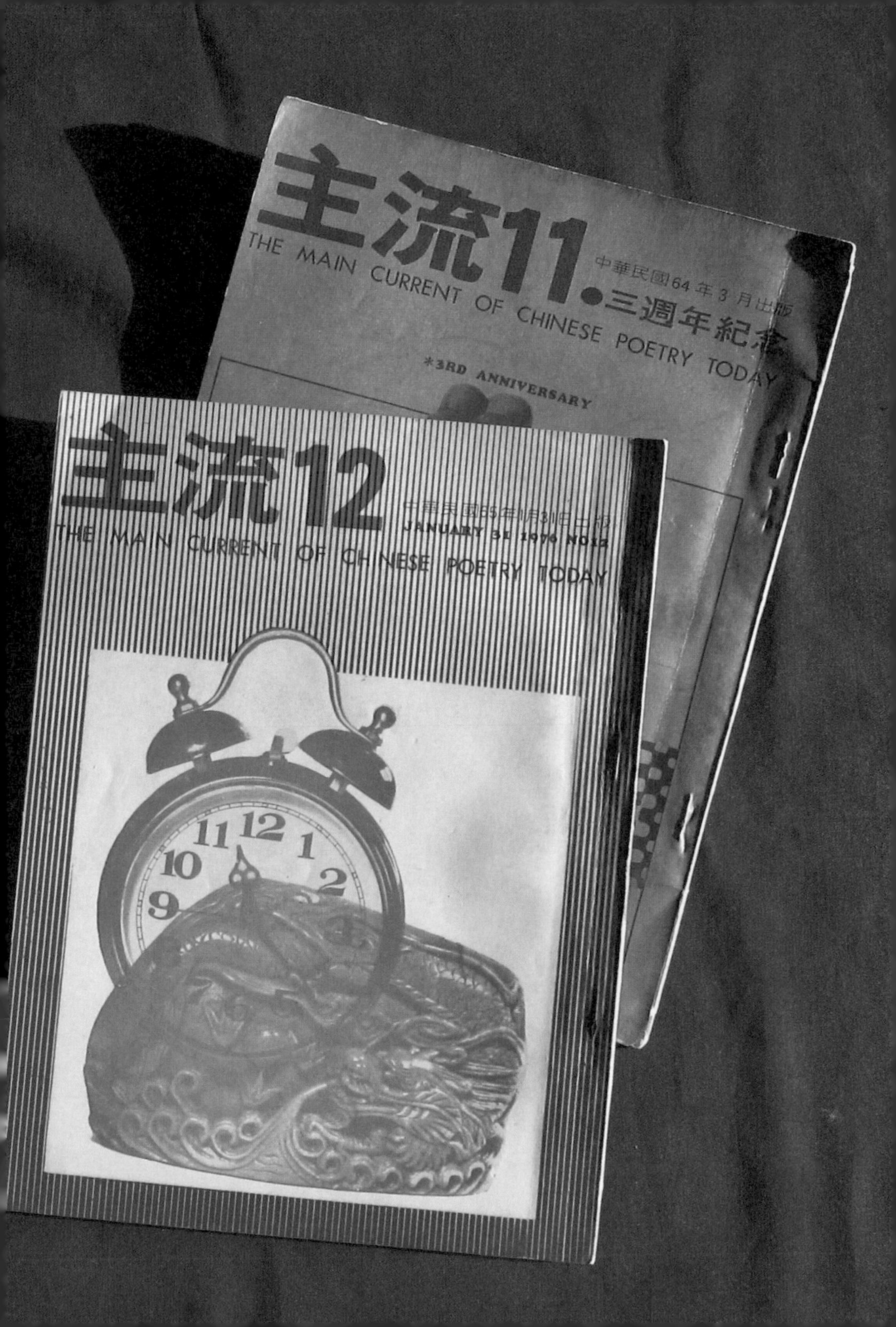

主流11
THE MAIN CURRENT OF CHINESE POETRY TODAY
中華民國64年3月出版
●三週年紀念
*3RD ANNIVERSARY
主流12
中華民國65年1月31日出版
JANUARY 31 1976 NO12
THE MAIN CURRENT OF CHINESE POETRY TODAY

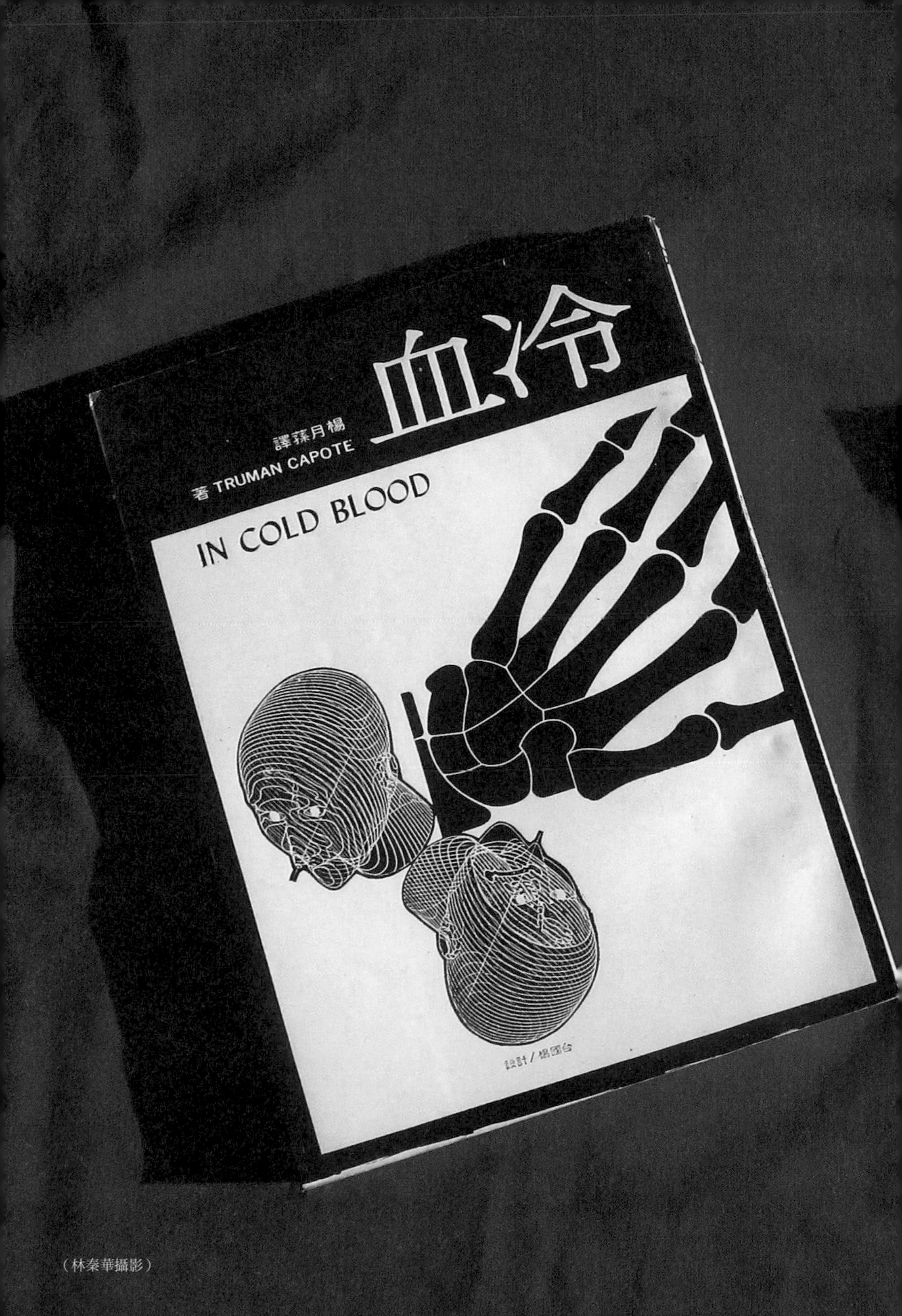

（林秦華攝影）

霍榮齡

Jong-Ling Huo

揮灑山川天地的時代畫卷

現代藝術風格先行者

她的個性單純質樸，身形瘦高，言談舉止之間帶著一股冷靜知性的神祕特質，自由自在、隨心所欲，許多朋友們都暱稱她「阿霍」。

從小率性叛逆、不太遵守世俗規範的她，經常站在時代的風口浪尖，追尋一條充滿動盪冒險的開拓之路。她曾在一九七〇年代擔綱「雲門舞集」創團初期的視覺藝術指導，在一九八〇、九〇年代協助《聯合文學》、《台北人》、《天下雜誌》、《遠見雜誌》與《康健雜誌》等刊物創刊設計。而她生平最無法忍受的，

要有規律的東西，才會造就你思想的開創性。

霍榮齡提供

是要固定進辦公室、每天穿著鞋子去上班。

她是霍榮齡。平日喜歡喝茶、聽音樂——舉凡從古琴民謠到台語歌曲，乃至海飛茲的古典樂和披頭四，以及新世紀音樂她幾乎都愛。同時也熱衷於設計海報、唱片封面與書籍裝幀——不少都是一整套的大部頭叢書，包括她為遠流出版公司精心設計，以日本傳統織錦中著名的藏金雲彩底紋，配合進口牛津書皮紙精裝裱幀的【金庸作品集典藏版】（精裝版），亦有以元朝畫家黃公望所繪《富春山居圖》為封面元素、搭配電腦繪圖科技和局部上光而製作的【金庸作品集】（平裝版），重新編選設計的二十五開加大字級版【中國歷代詩人選集】一套四十冊；以及替東華書局仿效中國線裝古書樣式裝幀，結合虎皮紋手工紙，呈現復古摩登質感的精裝典藏版【巴金譯文選集】和【中國地理大百科】叢

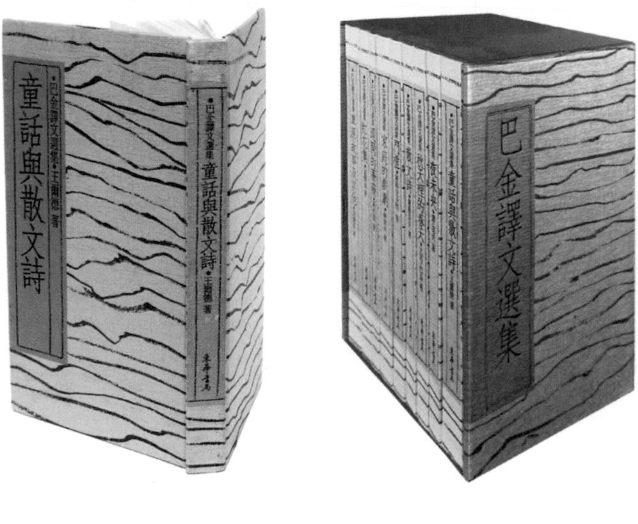

【巴金譯文選集】（精裝典藏版，共10冊），1990，東華書局，裝幀設計：霍榮齡

1997年出版【金庸作品集】平裝版時，霍榮齡曾在工作室裡泡茶、一邊對著金庸說：「我覺得你的小說就像一條河，是有歷史的，一村一落一個故事。」她遂以元朝畫家黃公望所繪《富春山居圖》為背景，從中抽出局部山水景物描繪成線稿，作為凸板予以局部上光，呈現出書裡書外「金紗縹緲、山高水遠」，古典與俠氣並存的武俠意境。金庸說他很喜歡，這條河是他家鄉的河。

【金庸作品集】（平裝版，共36冊），1997，遠流出版公司，裝幀設計：霍榮齡

書；另外還有臺灣麥克出版公司發行的【巨匠與中國名畫】、【巨匠與世界名畫】等。除此之外，小時候喜歡幫奶奶穿針引線的她，偶爾還幫熟識的藝文界好友設計造型及有趣的服裝，以作為平面攝影、電影或舞台演出之用。

大抵自一九七〇年代以降，台灣在現代設計領域起步相對較晚（比起一九六〇年代已然風起雲湧的現代詩與現代繪畫運動），早期從事美術設計相關工作，能安然地作「自由工作者」（Freelancer），在那時女性設計師少之又少。若有，當以霍榮齡為第一人。

作為當時台灣少見的女性現代設計先驅，霍榮齡很早就對「報導攝影」（Reportage Photography）、「紀實攝影」（Documentary Photography）深感興趣，也偏好以攝影為媒介素材做設計，相較於傳統美術設計科系所強調的手繪插圖，霍榮齡更擅長用鏡頭來表現。

霍榮齡愛好大自然山水中無形的力量，使其作品常顯雍容大氣卻又不失細膩典雅。

早年霍榮齡每每專注於拍攝地方風土題材——像是古屋老厝、民間生活與庶民人物等的紀實圖像，將其中的經典元素用現代手法加以提煉、重新編排，營造出簡約大方的現代氣息，抑或透過拼貼手法交織出如夢似幻的超現實感，熔冶古典摩登和懷舊簡約於一爐，色彩華美、亦真亦幻，彷彿方寸之間即是一片春潮湧動、如史詩一般的大山大水，別具一格。

【巨匠與中國名畫】系列套書（精裝，共20冊），1995，臺灣麥克
【巨匠與世界名畫】系列套書（精裝，共30冊），1992，臺灣麥克

裝幀設計：霍榮齡

巨匠與中國名畫
葉淺予
丁紹光
劉海粟
黃賓虹
Li Ku-chan
Ya Ming
Xie Zhi-liu
Fu Bao-shi
Ren Bo-nian
Qi Bai-shi
Wu Zuo-ren
Liu Hai-su
Huang Bin-hong

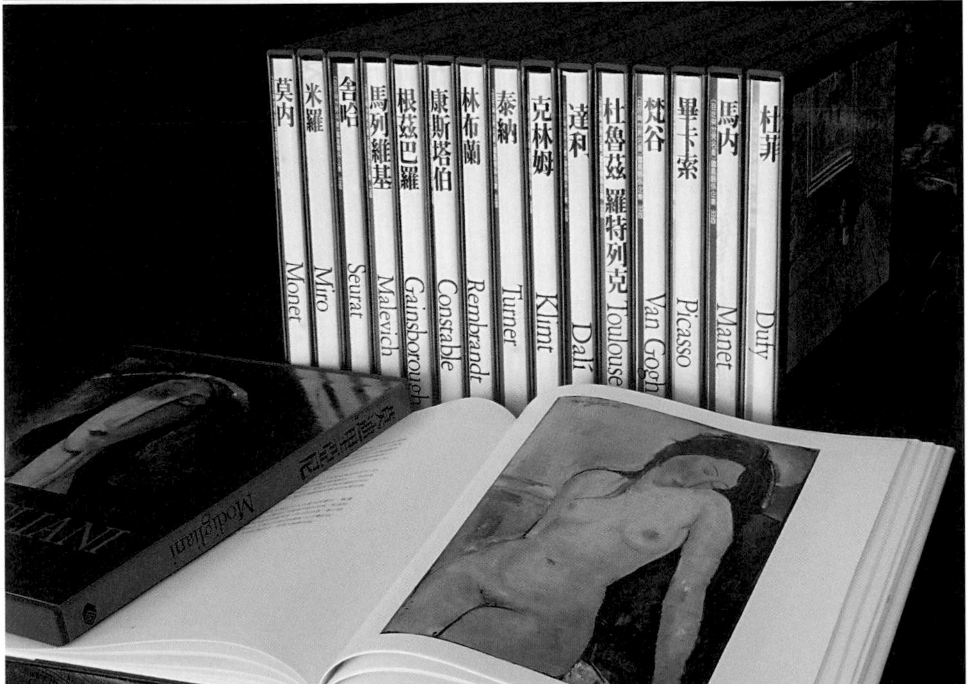
莫內
Monet
米羅
Miro
舍哈
Seurat
馬列維基
Malevich
根茲巴羅
Gainsborough
康斯塔伯
Constable
林布蘭
Rembrandt
泰納
Turner
克林姆
Klimt
達利
Dalí
杜魯茲羅特列克
Toulouse
梵谷
Van Gogh
畢卡索
Picasso
馬內
Manet
杜菲
Dufy
Modigliani

反叛的追尋：從美術設計到報導攝影

在雲林縣虎尾的空軍子弟小學長大，從初中到高中都在台中女中唸書。之後負笈北上，進入國立藝專美工科就讀。彼時，相較於學校裡教導的制式設計，身上隱含反叛基因的霍榮齡，很早就在心裡埋下對台灣原住民的風土文化、田野採集的美感經驗熱情的種子。

藝專畢業，霍榮齡二十一歲，旋即考入國際工商傳播公司擔任設計師職務。由於在工作上，當攝影師不願意去偏遠地區採訪，霍榮齡便經常代為出差、隨公司出外景拍照，順便幫忙模特兒做造型設計，她因此開始鑽研攝影、沖洗照片及暗房技巧，也喜歡四處走訪古蹟古物，沉浸在拍照探勘的樂趣當中。

「那個年代真的很少有女設計師，以前有女生考進去都

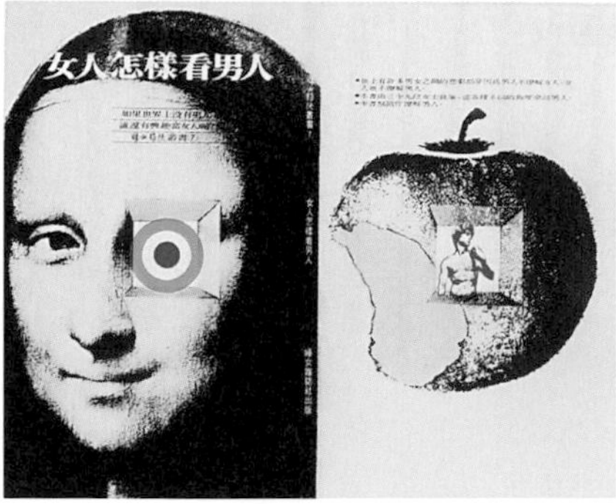

《女人怎樣看男人》，1975，婦女雜誌社，攝影暨設計：霍榮齡

是幫忙做完稿的工作。」霍榮齡回憶道：「其實那時候覺得好玩的地方是，你什麼都要去嘗試……，早期因為女設計師很少，大多只好幫模特兒做搽粉、化妝啊這些事，所以在廣告公司那段期間，真的就是很忙，有啥做啥。」[1]

回想在國際工商傳播公司任職期間，霍榮齡大膽將過去在學校難以付諸實行的、各種前衛的設計甚至攝影構想納入廣告設計案中，不斷把實驗精神融進作品裡。很快地，霍榮齡的設計受到不少客戶青睞，成了公司團隊裡專門負責競圖比稿的創意發想者。

然而，霍榮齡隨興而發、崇尚自由的性情作風，終究與廣告公司商業化、市場利益優先的價值取向格格不入，於是在國際工商傳播公司待了三年後，她便決意離職求去。

恰逢其時，甫於一九七二年由新聞界聞人張任飛[2]創辦的「現代關係社」旗下刊物《婦女雜誌》正在招募藝術指導，霍榮齡得此契機，遂成為該雜誌的美術主任。當時，隸屬

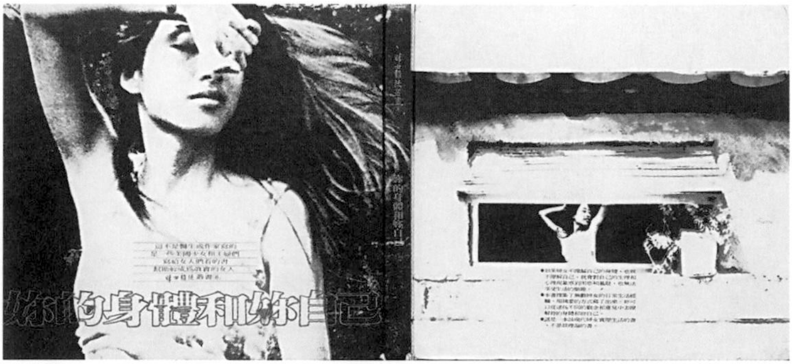

某日午後，為了書籍封面，霍榮齡到當時盛傳即將遭拆除的林安泰古厝前，請朋友的妹妹即興跳舞，不帶目的、無拘無束地拍攝。

《妳的身體和妳自己》，1975，婦女雜誌社，攝影暨設計：霍榮齡

於現代關係社、約莫同一時期創立的刊物還包括：《綜合月刊》、《小讀者》、《現代管理月刊》等，張任飛幾乎是傾盡心力地來「養」這些雜誌，一手打造出所謂「文人從商」、懷抱理想主義的雜誌王國。

其中《綜合月刊》與《婦女雜誌》更為台灣早年的雜誌注入一股新氣象，其內容除了兩性話題、藝術賞析、科技新知等流行資訊，亦不乏歷史評論（諸如五四運動與抗日戰爭專題）、書評書訊，乃至關切社會議題（如樂生療養院、廟宇企業和地方派系研究）以及庶民人物（如夜市攤販、性工作者）的深度報導，有些報導篇章即使多年後的今天來看，依然擲地有聲、發人深省。不媚俗且經得起時間淬煉的內容，搭配大篇幅的紀實照片，加上不同層次大小的標題字型與版面留白，由內而外營造出一股現代簡約的氣息，對尚屬萌芽時期的台灣雜誌界與出版業而言，委實帶來了偌大的衝擊和提升作用，同時培養了許多日後從事新聞採訪、雜誌編輯、設計以及報導攝影方面的人才。

霍榮齡擔任《綜合月刊》藝術指導的這段期間，儘管屢屢受限於諸多現實條件，卻仍能持續發揮創意，做出了不少堪稱經典的封面設計。例如有時候受制於預算、人力不足，請不到模特兒出外景，或者採訪社會邊緣題材時需要前往某些偏遠地區，但一般攝影師卻不願意去，最後只好由設計師霍榮齡帶著照相機上山下海，或是找身邊親朋好友

《小讀者》雜誌封面，1970，攝影暨設計：霍榮齡

粉墨登場、友情協助。

「想當初我會走上報導攝影這條路，其實是不知不覺的。」霍榮齡娓娓道來：「當時並沒有要當專業攝影師，只是覺得想要透過鏡頭來關心這個社會。後來《人間》雜誌的陳映真也有邀我去談過，我給了他一些意見，但是沒有去那裡工作。我覺得當時我們的老闆張先生人很好，很用心地在辦雜誌和出版，並且給了我很大的創作空間。」[3]

首先想清楚要傳達的是什麼，並學會用克難的方式解決問題。霍榮齡平日的生活相當簡樸，並不像部分創作者那樣豐富，只是曾經走過那個年代，有些創作經驗對她來說是比較特別的。

例如《綜合月刊》一九七六年三月號與十月號這兩期的封面主題，當年便是由霍榮齡胼手胝足克難「自拍」而來。「那個時候什麼都沒有，只好我自己來。」霍榮齡表示：「於是我先用廣告顏料塗彩在左手，然後帶著照相機，對準後面的林安泰古厝牆壁自己拍，用右手拍左手，或用左手拍右手⋯⋯。」[4]透過設計轉化的紀實影像，用來比喻無論是個人的命運、國與國之間的關係，其實都是掌握在某些人或統治者手中，帶有反叛意味的美感於焉呈現。

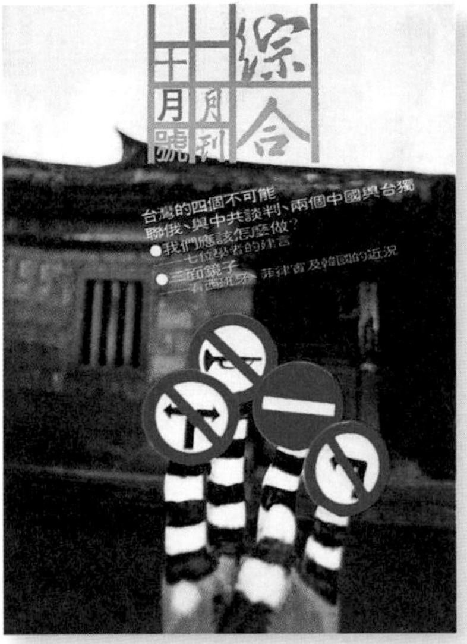

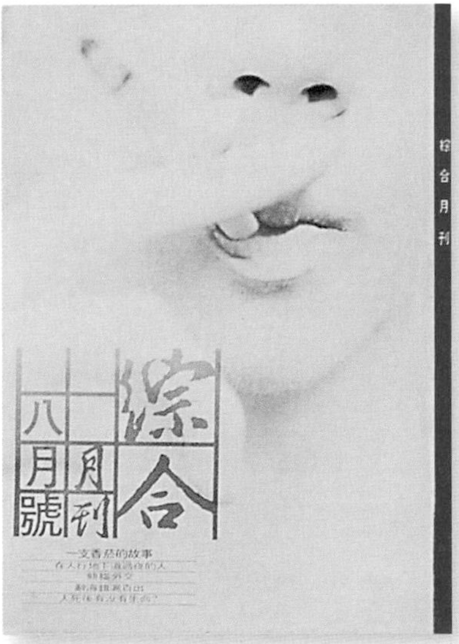

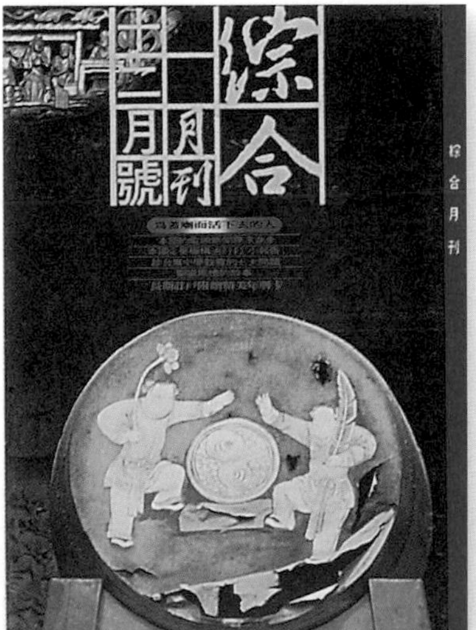

《綜合月刊》雜誌封面，1970，攝影暨設計：霍榮齡

象幻情真：傳統中國文化與超現實主義的結合

在台灣當代設計史上，霍榮齡可說是罕見以美術設計為專職的自由工作者先驅，也是第一個加入早年在台灣設計界頗富盛名的設計團體「變形蟲設計協會」的女性設計家——在此之前，「變形蟲」是不接受女性成員的。

先在國際工商傳播公司工作三年，接著在綜合月刊社待了三、四年，之後霍榮齡便告別了職場生涯，並且選擇放逐自己、陸續到世界各地流浪，更成為不受上下班時間拘束、而在自己工作室裡完成設計的「SOHO族」。

回溯上世紀七〇年代末、八〇年代初，正值島內經濟起飛，漸由農業社會步入工商社會的轉型期，黨外政治運動的勃興、現代民歌運動與鄉土文學論戰風起雲湧，乃至各個民間藝文團體——包括雲門舞集、新象活動推展中心、蘭陵劇坊、雄獅畫廊等相繼崛起，紛紛為當時的台灣社會注入了一股活力，遂使人們在追求經濟發展、物質享受之餘，開始注重精神性的藝文生活。這時最欠缺的，便是在宣傳方面能夠引領並實踐某種創新理念的美術設計工作者。

1993年霍榮齡設計「雲門舞集」首度赴中國大陸巡演《薪傳》活動海報。

一九七三年五月，林懷民以《呂氏春秋》所記載中國古代的祭祀舞蹈「雲門」作為新創舞團團名，並延請書法家董陽孜揮毫寫下了氣勢奔騰的「雲門舞集」四字。該年九月，雲門在台中中興堂舉辦創團首演，首張演出海報由淩明聲設計[5]，翌年第二張海報則由霍榮齡接手。當時霍榮齡仍在《婦女雜誌》任職，在老闆張任飛的默許下，白天上班工作，利用下班後的晚上時間幫忙雲門做設計。自創團以降，雲門早期的美術文宣及周邊相關產品，諸如演出海報、錄影帶、ＣＤ專輯、現場節目單、解說手冊以及

《雲門快門20》創團二十週年紀念攝影集，1990，財團法人雲門舞集文教基金會，裝幀設計：霍榮齡

T恤設計等，幾乎都由霍榮齡一手包辦。

除此之外，霍榮齡也不遺餘力地替許博允的「新象國際藝術節」設計各種海報及文宣，其中最具代表性的，莫過於她為新象活動推展中心主辦第一屆「國際藝術節」所設計的主視覺海報。

該作品畫面構圖以傳統閩南建築的巍峨山牆為主角（拍攝地點在台南市的祀典武廟），突顯從前殿的「三川燕尾」到「硬山馬背」間連成一氣、高低起伏的優美曲線，以象徵時間歷史的變化流轉。一整片

「雲門舞集」音樂專輯系列封面手冊，1992～1994，設計：霍榮齡

濃郁朱紅色的牆面正中央開了一道方窗，引入湛藍天空、如紗白雲，視覺上輕盈與厚實對比，真實與夢境參照，意念上則是回歸傳統與嚮往自由並陳，呈現出一種古典風格與現代感交錯的韻味，彷彿開啟了一道通往超現實奇幻空間的無限想像，著實令人驚豔。

「我那時候就深深覺得，我們台灣有根源自中國這麼厚實的文化，它就包含在這些紅牆黑瓦當中、在這個擁有古老底蘊的地方，我覺得我們需要透過它看到外面的世界。」根據霍榮齡的說法，古建築山牆與窗戶本身具有特殊的象徵意義：「因此我們需要有這樣一片窗，引進西洋的藝術團體……，我覺得藝術就像呼吸一般的自然，它就是空氣。」[6]

霍榮齡喜愛隨興而自由的生活，平常連新聞也不太看，然而當她一旦接下工作，面對新挑戰時總是會全力以赴、不眠不休。既認真執著又懂得找時間放鬆的她，早在一九七〇年代便經常有機會出國遊歷、流浪天涯，藉此轉換生命視角和思維心境。

最令她印象深刻的，是一九七八年旅居韓國的那一年。當時她經常到鄉下拍照記錄，從漢江之北的漢城（今「首爾」）到南端的濟州島，從熱鬧繁華的商圈明洞大街到古厝老宅群聚的光州及周邊小鎮，霍榮齡赫然驚覺有許多幾已式微的中國傳統文化，諸如古建築、漢字、儒教祭典等，在韓國被完整地保留了下來。她並且對於北國四季分明的

1980年新象活動推展中心主辦
第一屆「國際藝術節」宣傳海報，
攝影暨設計：霍榮齡

自然山水，春櫻夏綠、秋楓冬雪各具風情的景致深有所感——難怪當年名導胡金銓即為此而赴韓拍攝了《空山靈雨》。

旅居韓國的生活經驗，隱約喚起霍榮齡記憶中潛藏已久的、對中國傳統文化的古典情懷。及至一九八九年，霍榮齡遊覽中國大陸，看到了北京的城牆巍巍聳立，萬仞朱紅、琉璃黃瓦幾度滄桑，為電影服裝設計走訪陝北的黃土高原，眺望溝壑縱橫、廣袤無際的大漠風沙和窯洞。這些壯麗山河令她深有感懷，因此以象徵中國古建築藝術氛圍的紅、黑、金三種傳統色調，作為「變形蟲」公開展覽的年度主題，並在一九九一年以「中國印象」為名，彙編出版了變形蟲設計協會年曆筆記書。

窮極生變：做設計就是要不斷思考

就設計的圖像語彙而言，霍榮齡的作品辨識度極高，大多有著鮮明的中國古典元素，背景常以紀實的攝影圖像為基礎，色彩上偏好使用紅、黑、黃、藍等傳統原色調，字體常使用早期印刷鉛字的宋體字或明體字為基本原型（Archetype），兼具東方古典華麗與

占滿整個空間的濃烈紅色城牆，點點斑駁，彷彿訴說歲月離殤，瀰漫著厚重的歷史氛圍。又予人一種幾乎透不過氣來的壓迫感，唯一能夠逃離、翱翔而去的，是畫面一小角的自由的天空。此一封面設計，精準呈現出當代中國政權的的自我意識與視覺形象。

《中國印象》年曆筆記書，1991，變形蟲設計協會，攝影暨設計：霍榮齡

現代簡約的雙重特質，看起來大氣而不失時尚感。

有趣而值得一提的是，霍榮齡早期的平面設計作品一度出現「面具」主題，如一九七九年的「中韓現代藝術群展」海報設計，其靈感源頭是某天她在韓國民俗村，向一位老先生買來用布跟紙縫製的手工面具，她覺得面具構件有很多民間工藝製法，很有趣，把它當作一個戲劇性的視覺元素，用來拍攝某些封面題材。後來，霍榮齡因緣際會地參與籌畫「蘭陵劇坊」舞台劇《代面》，裡頭有一齣戲就是讓演員戴上面具登場。「一個人往往會有很多的面具，比方我今天很緊張，就像戴了一個很緊張的面具……。」霍榮齡如是說道：「我們其實都是一直帶著不同的面具，來作不同的角色，像那齣舞台劇《代面》也是這樣子。」[7]

談到書籍的編輯製作與封面裝幀，霍榮齡認為最有趣之處，即在於藉此機會，可將平日浸淫在東西方美術史傳統、或是遊歷海內外接觸古文明的文化養分，一點點滲入腦袋裡，然後慢慢地沉澱、消化、思考、反芻，最終潛移默化、重新詮釋。「在你做出任何的創造成果之前，都一

「中韓現代藝術群展」海報，1979，設計：霍榮齡

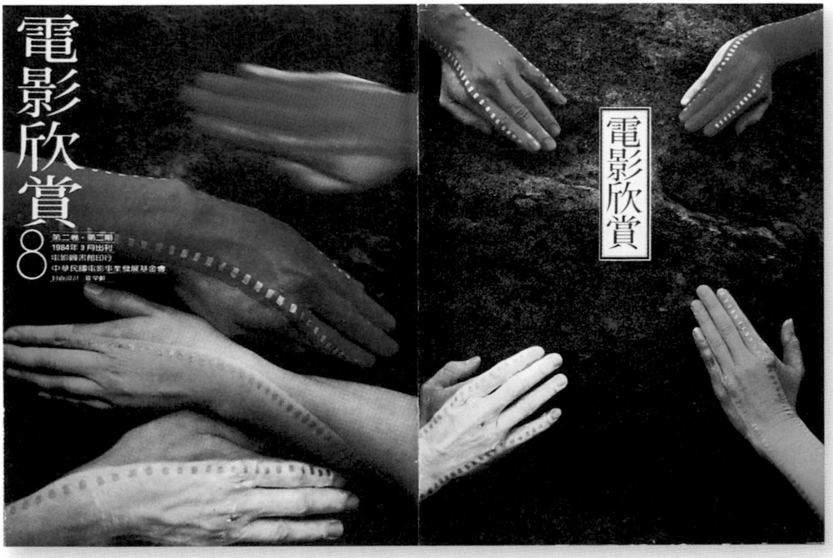

《電影欣賞》雙月刊第2卷第1期，1984
《電影欣賞》雙月刊第1卷第2期，1983

攝影暨封面設計：霍榮齡

定會有某種程度的學習和創新，要有規律的東西，才會造就你思想的開創性。」霍榮齡表示：「但我也不覺得我的東西很成熟，即便到現在我也還一直在思考。」8與其著重於最後創意的成功，霍榮齡反倒更強調過程中所遭受的挫折及失敗。在她看來，在失敗中學習，其實遠比在成功中得到的東西更多。

面對傳統與現代的交鋒、東西方文化概念的差異，霍榮齡表示中國文字本身就是一種美學，其實就是一幅畫。因此，在她四十年來率性恣意的創作生涯中，常偏好以書法字、傳統鉛字印刷宋體或明體字作為視覺要素。

相較於早期手工圖繪時代，封面設計大多屬單純的圖案（Graphic）裝飾，今日所謂的「裝幀」，並非只是平面圖像，而是結合了印刷工藝技術，組成三度空間的結構體。她特別以建築空間為例，其中尤以結構裡的樓梯間為基礎，貫穿了整棟大樓。倘若將書籍視為一個立方的結構體，則裝幀本身最重要的關鍵，即在於書脊軸線能否撐起整個中心架構，畫龍點睛，呈現出現代裝幀書體的結構之美。

過去這幾年，中國大陸設計環境的提升，以及國際化的速度相當驚人，相較之下，台灣在藝術設計和文化創意方面的腳步似乎愈趨停滯不前。尤其在文化界與出版業，幾乎所有出版社出書首先要考慮的，就是大眾市場的成本精算，長此以往，創意也就往往有

《懷仁詩札》，張安平著，自印出版，2008，裝幀設計：霍榮齡

所侷限。「相對於我們那個年代，當我們什麼都沒有的時候，你要怎麼去做設計和表達創意？」看待台灣設計行業的未來走向，霍榮齡藉由回顧以往生命經歷而提出這樣的大哉問。

至於該如何回應當前這個世代、乃至於下一個世代的挑戰，霍榮齡認為，唯有「窮極生變」。當你已經山窮水盡、退無可退，此刻的危機，或許便是轉圜的契機。

四十年來走過山南水北、看遍江河百岳，由《綜合月刊》開啟了前衛新潮的「設計攝影」風格，伴隨著雲門舞集、新象藝術、蘭陵劇坊從無到有的開創期，眼見人間沉浮起落、大悲大喜，乃

《顧正秋曲藝精華》，
1997，辜公亮文教基金會，
裝幀設計：霍榮齡

早在1982年，霍榮齡就曾幫白先勇所製作舞台劇《遊園驚夢》中飾演錢夫人的盧燕設計造型。二十多年後，白先勇又以結合現代與傳統的美學為號召、改編製作了崑曲《青春版牡丹亭》，並請霍榮齡擔綱設計專書《奼紫嫣紅牡丹亭——四百年青春之夢》，共推出精裝與平裝兩種版本。其中精裝本只印少量，封面封底以織錦包覆，書盒採進口金箔紙，上面印有一幅燙金的古書版畫，展現出非凡的華麗貴氣。

——

《奼紫嫣紅牡丹亭——四百年青春之夢》（精裝），白先勇著，2004，遠流出版公司，裝幀設計：霍榮齡

1997年，為祝賀辜振甫新建於中國信託總行大樓的演藝空間「新舞台」正式開幕，由辜公亮文教基金會提供資助、將一代京劇名宿劉曾復重要著作《京劇臉譜大觀》的手繪原稿付梓成書，分藏於辜公亮文教基金會、台灣中央圖書館、加拿大東方圖書館、美國南加州大學大學圖書館、夏威夷大學等處。該書共收錄京劇臉譜繪像666幅。辜振甫曾給予高度評價：「其色彩絢麗耀眼，掩映生姿；尤其筆法細緻工整，栩栩如生，神形兼備，雅以為美。」加上霍榮齡典雅細緻的裝幀設計，堪稱珠聯璧合、相得益彰。

——

《京劇臉譜大觀》，1997，辜公亮文教基金會，裝幀設計：霍榮齡

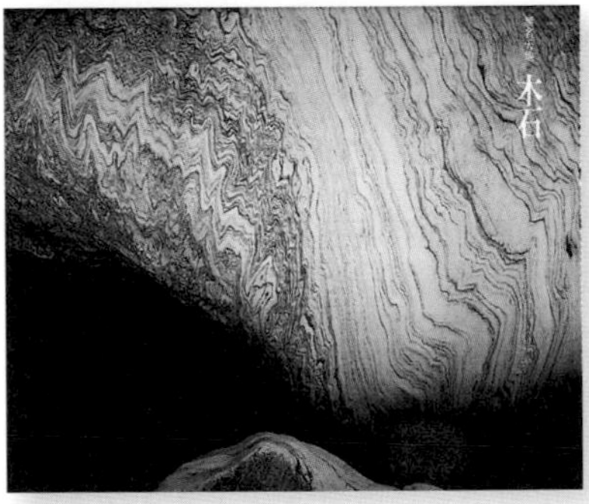

霍榮齡曾為台灣各國家公園設計多種書籍及文宣。由太魯閣國家公園管理處出版的《無名天地——山．水．木石．花鳥》，書名出自老子《道德經》：「無名天地之始，有名萬物之母。」用來象徵體現大自然之美。封面以攝影作品為主要視覺，封底則除了書名與出版者外，只印由毛筆寫的大大「山」等字，像迤邐的山勢，或斷或續，或高或低，帶給讀者優美典雅的整體印象。

——

《無名天地——山．水．木石．鳥》(共4冊），安世中等攝影，蔣勳詩文，太魯閣國家公園管理處，裝幀設計：霍榮齡

至開創出一片廣袤天地，霍榮齡的設計作品總是給人壯麗、清貴的磅礴氣勢，既有源遠流長的古典韻味，亦是反叛潮流的藝術先驅。

一如霍榮齡曾經走過的這段歷史，以往在歲月中逐漸遠去的，都是每一代人青春的身影，而我們這一代人也終將開拓並走過屬於我們自己的時代。

註釋

1 霍榮齡訪談，二〇一四・八・十二，於霍榮齡設計工作室。

2 張任飛（一九一七—一九八三），生於江蘇。一九四一年考入復旦大學新聞系，一九四五年畢業、入中央通訊社擔任編輯，自一九六〇年起任教政大新聞系。四十八歲那年，張任飛辭別了工作二十年的中央通訊社，於一九六四年創辦他的第一本雜誌《英文台灣貿易月刊》與《自由中國年鑑》，踏出台灣雜誌現代化的第一步。之後，他在一九六八年陸續創辦《婦女雜誌》及《綜合月刊》，並獲頒行政院新聞局「優良雜誌金鼎獎」，復於一九七二年接連創辦了兒童刊物《小讀者》，一九七七年創辦《現代管理月刊》。張任飛興辦雜誌的雄心及魄力，為他贏得了「中國的亨利・魯斯（美國雜誌大王）」的美譽。

3 霍榮齡訪談，二〇一四・八・十二，於霍榮齡設計工作室。

4 霍榮齡訪談，二〇一四・八・十二，於霍榮齡設計工作室。

6 霍榮齡訪談，二〇一四・八・十二，於霍榮齡設計工作室。

7 霍榮齡訪談，二〇一四・八・十二，於霍榮齡設計工作室。

8 霍榮齡訪談，二〇一四・八・十二，於霍榮齡設計工作室。

霍榮齡　年譜

一九六〇　進入台中女中就讀，一九六六年畢業。

一九六九　國立藝專美工科畢業，同年進入國際工商傳播公司擔綱美術設計，並開始自學攝影。

一九七二　進入「現代關係社」，擔綱《綜合月刊》、《婦女雜誌》、《小讀者》與《現代管理月刊》雜誌藝術設計，陸續接觸報導攝影工作。

一九七八　擔任仕女雜誌社藝術指導。

一九七九　雲門舞集舉辦秋季公演，擔綱宣傳海報設計，以林懷民舞作《女媧》為主視覺，舞者為原文秀。同年參加第五屆「中韓現代藝術展」（台北）及第二屆「中韓國際GRAPHIC展」（漢城）。

一九八〇　雲門舞集舉辦春季公演，擔綱宣傳海報及文宣設計。同年擔任新象活動推展中心藝術指導，並以新象主辦第一屆「國際藝術節」海報設計獲頒「中華民國美術設計展」印刷設計類首獎，以及紐約國際藝術海報獎金牌。

一九八一　加入「變形蟲設計協會」。擔綱《天下雜誌》創刊藝術指導。以「陳氏圖書公司」海報設計獲頒「中華民國美術設計展」印刷設計類第二名；以新象主辦第二屆「國際藝術節」海報設

早年嬉皮與波西米亞風格裝扮的霍榮齡，猶然帶有那個年代濃厚的浪漫氣息。（霍榮齡提供）

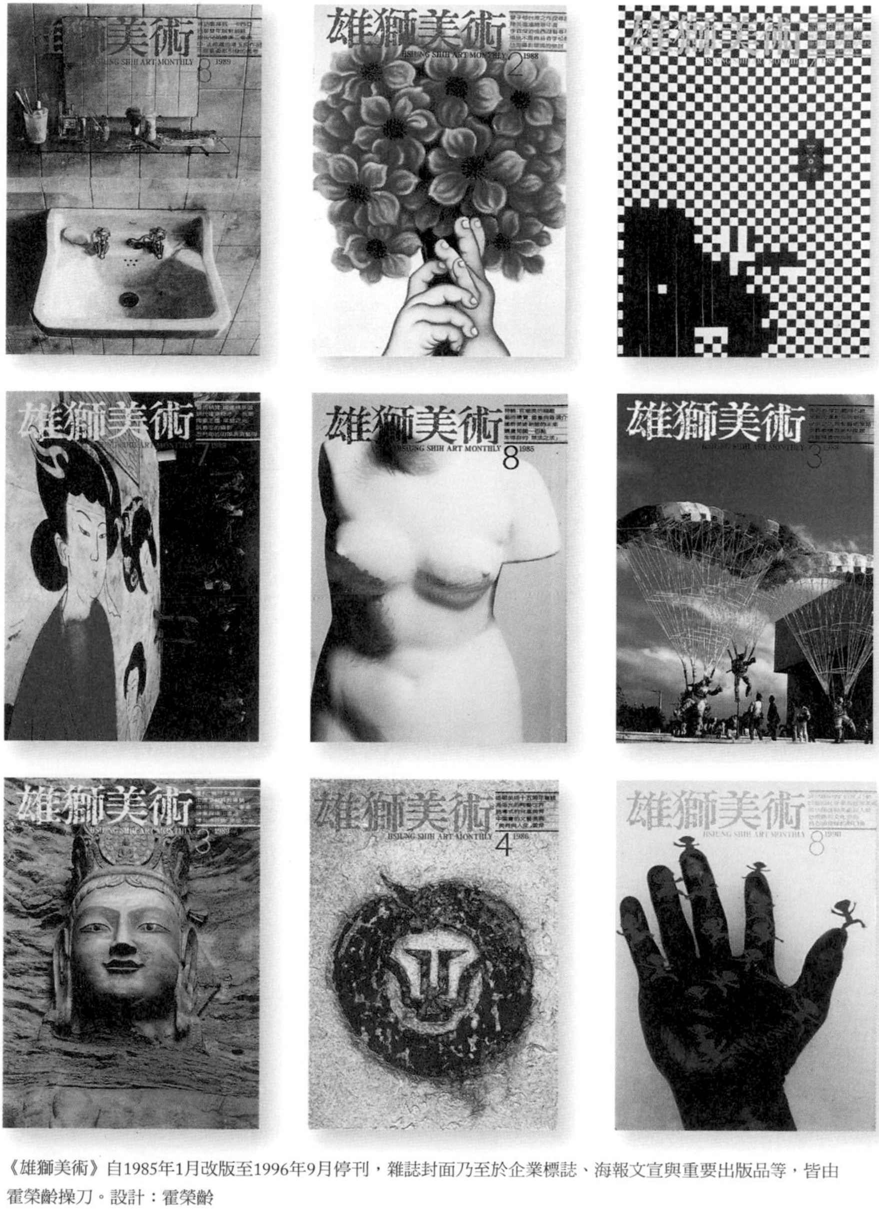

《雄獅美術》自1985年1月改版至1996年9月停刊，雜誌封面乃至於企業標誌、海報文宣與重要出版品等，皆由霍榮齡操刀。設計：霍榮齡

計獲頒紐約國際藝術海報獎銀牌。

一九八二　擔綱文建會「文藝季」出版品及平面設計。

一九八四　擔綱《聯合文學》創刊美術設計。

一九八六　擔綱《遠見雜誌》創刊藝術指導。

一九八七　擔綱《自立晚報》關係刊物《台北人》創刊美術設計。擔綱國立中正文化中心兩廳院開幕季系列海報及節目冊設計。以《大自然》季刊獲頒金鼎獎「最佳雜誌美術設計」。

一九八八　聯合報系《聯合晚報》創報並首創橫版設計，擔綱藝術指導。

一九八九　前往中國大陸，相繼造訪北京、西安陝北黃土高原。

一九九一　成立「霍榮齡設計工作室」。

一九九三　以《中國古建築之美》獲頒金鼎獎「圖書出版獎」。

一九九四　以《中國考古文物之美》獲頒金鼎獎「最佳雜誌美術設計」。

一九九六　以《福爾摩沙．野之頌》獲頒金鼎獎「年度圖書美術編輯」。

一九九八　擔綱《康健雜誌》創刊藝術指導。

一九九九　以稻田電影工作室作品《飛天》獲頒第三十三屆「金馬影展」最佳造型設計獎。

二〇〇二　擔綱《科學人》雜誌創刊藝術指導。

《Images of Taiwan》
「台灣映象」攝影集，1983，
浩然基金會，攝影：郭英聲，
裝幀設計：霍榮齡

二〇〇四　以《姹紫嫣紅牡丹亭》獲頒華語圖書傳媒大獎「藝術類圖書獎」。以【金庸作品集】獲頒全國書籍裝幀設計展「版式設計銅獎」。

二〇〇五　以《姹紫嫣紅牡丹亭》獲頒中國之星設計藝術大展「裝幀類最佳設計獎」暨金蝶獎「整體美術與裝幀設計套書類榮譽獎」、「單行本文字書類榮譽獎」。以【金庸作品集】獲頒金蝶獎「整體美術與裝幀設計套書類榮譽獎」

二〇〇七　擔任第四屆「金蝶獎——台灣出版設計大獎」評審。

二〇〇九　以太魯閣國家公園《無名天地——山·水·木石·花鳥》入圍金蝶獎「整體美術與裝幀設計套書類榮譽獎」。

二〇一五　遠流出版公司發行《凝視：霍榮齡作品》一書問世，並獲頒金蝶獎榮譽獎、海峽兩岸書籍裝幀設計邀請賽「十大最美圖書」。

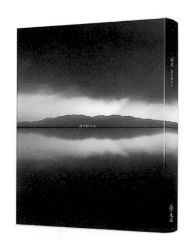

《凝視：霍榮齡作品》，2015，
遠流出版公司，裝幀設計：霍榮齡

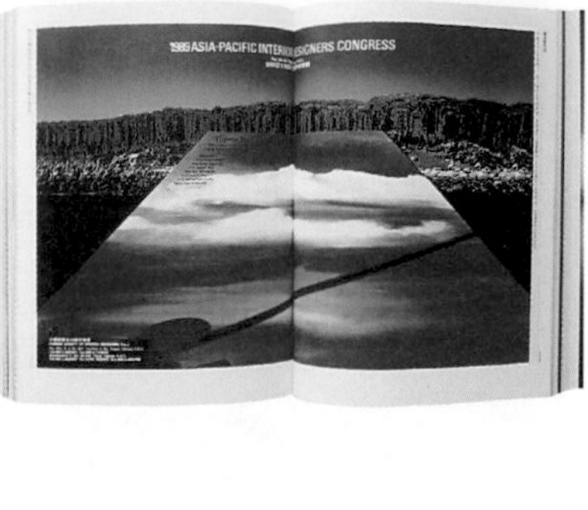

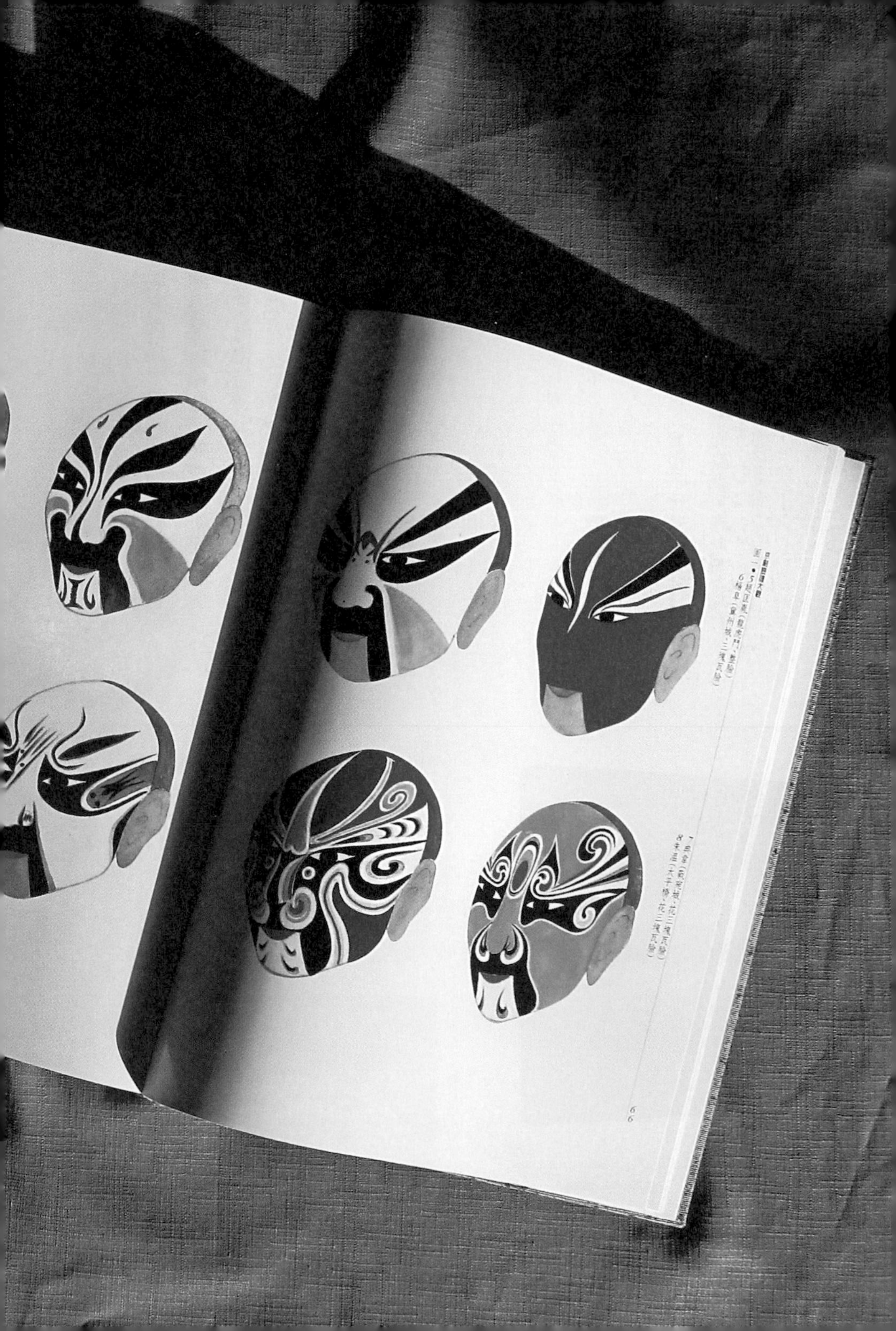
66

（林秦華攝影）

林崇漢 Chong-Han Lin　徐秀美 May Hsu　吳璧人 Bi-Ren Wu　阮義忠 I-Jong Ruan

百家爭鳴一時代

手繪插畫創作群像

插畫（Illustration）技藝在平面設計的應用相當廣泛，舉凡書籍、雜誌、報紙、海報文宣與教科書等，均可藉由線條、色彩和造型的圖畫，結合文字、故事和思維意念，做各種視覺呈現。而台灣早期許多書籍裝幀與平面設計工作者，同時也都是優秀的手繪插畫家。

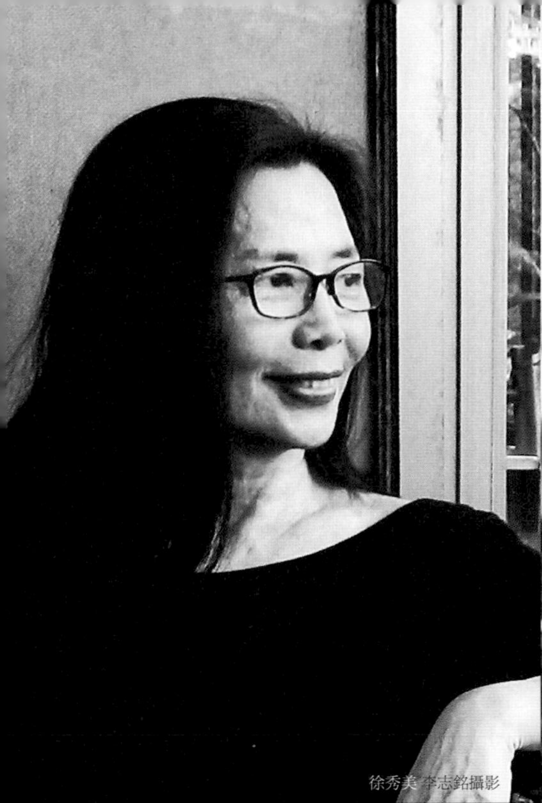

徐秀美 李志銘攝影

林崇漢提供

阮義忠提供

吳璧人 翻拍自《婦友》雙月刊，1993年9月

戰後以降，約莫一九七〇至八〇年代，正值台灣書籍報刊印刷技術變化最大的時期，從最初普遍使用的傳統鉛印活字排版，逐漸演進，代之以色調豐富、適於表現黑白層次的平版印刷與照相打字，後來再慢慢進入電腦組版、全面彩色印刷的數位時代。

這段期間，出生於台灣島內的藝術科系畢業生，常徘徊躊躇於純藝術（Fine Art）與設計（Design）間苦尋創作出路，不少人為了謀求生計，輾轉投入報紙副刊與文學雜誌插畫的行列，遂成為戰後第一代專職的插畫家和美術編輯。諸如《中國時報》的孫密德（一九三六—）、林崇漢（一九四五—）、李男（一九五二—），《聯合報》副刊的霍鵬程（一九四七—）、陳朝寶（一九四八—）、徐秀美，《皇冠》雜誌的高山嵐（一九三四—）、夏祖明（一九三七—）、吳璧人（一九五四—），《幼獅文藝》的阮義忠（一九五〇—），以及《文訊》雜誌的任克成（一九五五—）等，堪稱一時之盛。他們運用在學院或個人修習而來的繪畫技藝與視覺美感，調和報刊媒體的版面比例（Layout proportion）、圖像構成（Composition）及文字編排（Text layout），不惟兼顧圖文版面的呼吸與吐納功能，並發揮裝飾性與美化版面的效果，且因他們大都是出於業餘興趣及對文學的熱衷，所以也經常跨刀協助文學界的作家們繪製書籍和雜誌封面。

對於這些早年在藝術道路上披荊斬棘的插畫創作者來說，當時正興盛的報紙副刊與文藝雜誌等媒體版面，可說是提供了一個得以自由發揮的重要舞台和發展空間。一九七九年由《中國時報》「人間副刊」開風氣之先、盛大舉辦的「人間插畫大展」，更持續吸引不少年輕藝術家為副刊繪製插畫，發表了無數動人心弦的作品。儘管他們往往涉獵範疇甚廣，插畫不過是多面才華之一——例如林崇漢從事插畫之餘也寫推理小說、鑽研命理哲學和佛學；徐秀美除繪畫之外還涉足服裝造型、室內設計、雕塑家具與公共藝術等領域；吳璧人早年原本從事書刊平面設計及繪製瓊瑤小說插畫工作，後來更逐漸跨行投入首飾珠寶設計，甚至轉而鑽研占星學與塔羅牌等領域；阮義忠結束插畫生涯之後長期投入紀實攝影創作，卻仍因過去常在報紙或書刊封面舉行「紙上畫展」（發表插畫作品）而讓讀者留下深刻印象。

總的來說，彼時許多活躍於各種刊物與藝文領域的美編設計人才，猶如異峰突起、百花齊放，形成了多樣化風格匯聚的時代群像，甚至帶動革新潮流，強化了插畫本身作為一門藝術的地位。

驚心動魄的冷冽與滄桑——林崇漢的反骨鬼才

「從前，寂寞和孤獨佔我前大半生，所以我的畫面充滿了頹敗、斑剝和痛苦的掙扎……，斷殘的石雕、長滿青苔的破牆、蒼老的樹幹以及垃圾充塞的角落，但我內心依然對聖潔、光燦的女神強烈的嚮往。如今，深覺人生苦短，何必自囿於痛苦的沉耽，何不盡情謳歌生命之美呢？」

——林崇漢談插畫家的文學意象[1]

二戰結束的一九四五年出生於高雄旗山，林崇漢自云從小資質駑鈍，「用一個字形容就是『憨』，人生第一次階段性開竅是在小學六年級。」[2]儘管當時家中並沒有購置書籍或畫冊，他卻喜歡在地板或學校黑板上塗塗抹抹。後來因緣際會拜訪了鄰近同學家開設的裱畫店、佛像雕刻店，就在平日進進出出、耳濡目染之下，養成了對人物造型與線條

《雞翎圖》，張大春著，1980，時報出版，封面繪製：林崇漢

的觀察能力及繪畫興趣。

之後他又偶然從家中翻找出了一套老舊的、從日本時代遺留下來的戰前日文版《大和百科全書》，裡頭有許多印刷精美的世界名畫以及各種彩色圖片，包括像是米開朗基羅（Michelangelo, 1475-1564）描繪肌理表情的戲劇張力，馬諦斯（Henri Matisse, 1869-1954）對於色彩和線條構圖的形象概念，以及達利（Salvador Dali, 1904-1989）大膽實驗自由拼貼具象物體的超現實畫風等，每每令他從中吸收不少西洋美術的視覺養料，獲益匪淺。

中學時期，受教於前輩畫家楊造化與沈鎧[3]的影響啟蒙，早顯過人才華的林崇漢經常參加校內外各項壁報、水彩與漫畫比賽，屢獲佳績，還得過全縣水彩寫生比賽冠軍，堪稱鋒芒畢露，名聞全校。十九歲時（一九六四）如願考上師大藝術系，自此開啟了他與藝術相伴的創作生涯。

「在進入師大之前，」林崇漢表示：「因為小時候偏食、身體不好，常以為自己不會活超過二十歲，故而對未來從未抱持任何志向和憧憬，甚至以為自己可能會去出家當和尚。」[4]敏銳而易感的早慧心靈，讓他從青年時代起便帶有濃厚的遁世傾向，乃至後來陸續接觸《愣嚴經》、《金剛經》等佛學經典，並研讀《易經》、陰陽五行，且從中發

《天堂鳥》，黃海著，1984，時報出版
《伏虎》，張貴興著，1980，時報出版
《賴索》，黃凡著，1980，時報出版
《進香》，詹明儒著，1980，時報出版

封面繪製：林崇漢

現美學藝術的原理精髓，這些俱成為林崇漢往後從事繪畫創作和設計工作的主要滋養來源。

甫從師大藝術系畢業不久，因曾在校內自修學習日文，林崇漢開始協助《音樂文摘》翻譯音樂方面的文章，同時也幫忙繪製一些封面插圖。服役期間，無意中讀到吳俊民的三冊《命理新論》，讓他初次感受到八字、陰陽五行和美學之間彷彿有著某種奇妙的關連，於是開始研究相關知識，久而久之也就慢慢醞釀出一些關於美學哲學的思考和體悟。一九七三年起，林崇漢更以「林宜學」為筆名，陸續寫作有關《易經》、陰陽五行題材的《中國占卜奧祕》、《中國預言之謎》、《祕術奇門遁甲》、《住宅風水與設計》等書。

服完兵役，林崇漢自願分發回到自己的故鄉旗山任教，當了幾年的中學美術老師，直到一九七八年受「人間副刊」主編高信疆的力邀，遂進入《中國時報》擔任美術編輯。當時正值島內報業發展及副刊文化鼎盛的黃金年代，其中尤以《中國時報》、《聯合報》兩大報發行量廣，副刊稿費高、影響力既深且鉅。起初林崇漢不太能夠適應報社固定上班的工作模式，幾度提出辭呈，卻屢因高信疆的勸說而留任，如此前後在《中國時報》待了約十年，這段經歷毋寧也成為他邁向藝術人生的重要轉捩點。

「我覺得自己沒什麼藝術天份，但測量、模仿能力還不錯，擅長對形象的推理與記憶。」自認天生反骨且率性的林崇漢表示：「大學畢業以後沒有老師和同學，想畫什麼就畫什麼，那時插畫沒有寫實的，我的東西太寫實，常常細緻到報紙印不出來。」[5]任職報社期間，林崇漢開始大量閱讀許多作家的文章作品，深入內容、咀嚼再三，並不斷嘗試各種圖文對話的可能性，且多方運用超現實畫風的表現手法。有時他一幅插畫作品的氣韻甚至還勝過長篇文字的力量，藉由圖畫元素引導讀者的閱讀視線，將整幅副刊版面視為一個會呼吸、流動的畫面，包括構圖設計、排版、畫圖，全部一手包辦。林崇漢的插畫才華常讓報紙讀者感到驚奇，但熟悉他的人早已習以為常，他的個性雖然淡泊，看待藝術卻是一絲不苟的，即使見報作品只有三公分見方，仍然用創作油畫的嚴肅態度來處理。

如是，高信疆曾給予極高讚譽：「林崇漢的插畫，結構雄渾，感覺細膩，尺幅之間，常常飽含天地的浩渺與人世的滄桑。……每次，接觸到他的作品，都有一種視覺的驚奇與心靈的撼動。」[6]《聯合文學》創辦人張寶琴則是形容林崇漢的作品「好像會揮出一拳，擊中讀者的心靈。」

對於林崇漢而言，插畫並非文字的附屬，而是一門獨立存在的藝術。

對於書籍的文本內容，林崇漢自有一番獨到看法，他認為真正的好文章，單憑文字本身便已完美自足，不需要添加多餘的視覺圖像或插畫元素來幫襯，因此設計者必須另闢蹊徑，自己創造畫面來與它一搭一唱。《關於詩》是陳育虹的第一部詩集，找來林崇漢為每一首詩繪製插圖，內文各章節皆以花語命名，包括：「卷一．蓮說」、「卷二．窗台上的白山茶」、「卷三．水仙」，封面淡彩畫作亦出自作者陳育虹之手，讓全書充滿古樸的禪韻，簡明而深厚的意象。閱讀時，不妨泡一盞茶，讓意識浸淫在茶香與書香、詩意及畫意裡。

《關於詩》，陳育虹著，1996，遠流出版公司，內頁繪圖：林崇漢

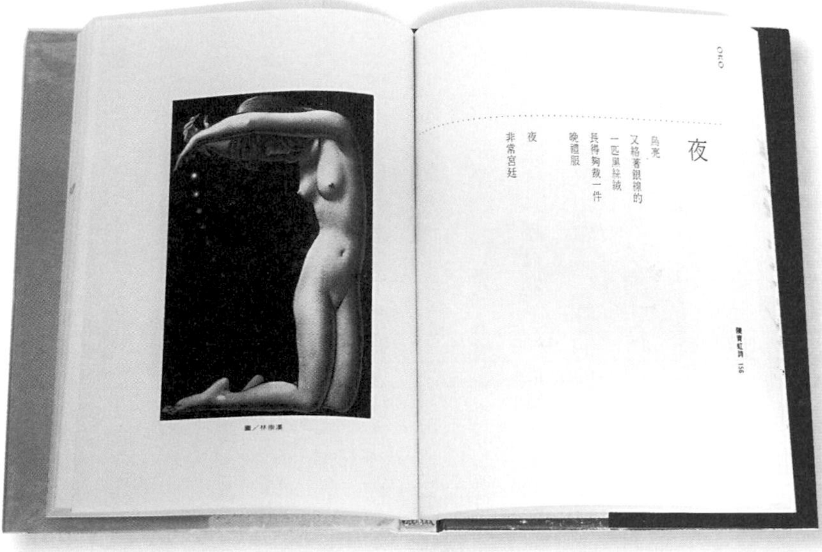
夜
烏亮
又格著銀線的
一匹黑絲絨
長得夠裁一件
晚禮服
夜
非常宮廷

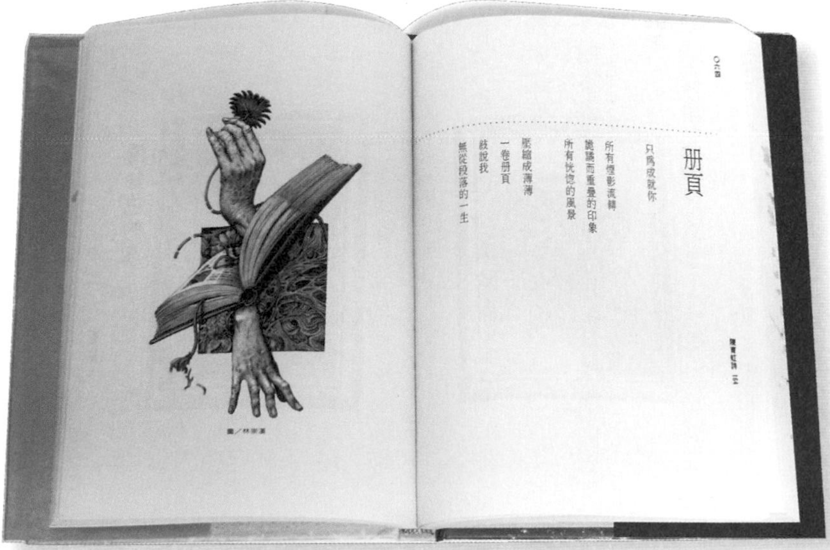
冊頁
只爲成就你
所有煙影流轉
詭譎而重疊的印象
所有恍惚的風景
壓縮成薄薄
一卷冊頁
紋說我
無從段落的一生

從形象語言來說，林崇漢的副刊插圖與書封畫作大多有著強烈的戲劇張力，不時刻畫人體精實且賁張的身軀肌里，背景畫面經常出現礫石山岩、盤根糾結的植物、斑剝牆面以及斷垣殘壁等，主題人物充滿了痛苦掙扎的表情與姿態。「我的世界是張力很緊的世界，男女都是膨脹拉緊的。」林崇漢指出：「這是我先天的個性影響，我早期的素描就有潛伏的基因，我不喜歡藝術太輕鬆，雖然有時也用輕鬆的筆調，留了空白，但因為密度和張力，我使那虛置處也是充塞，這樣才能表現我的語言。」[7]除此之外，在色彩上，林崇漢也傾向使用冷色調。他認為繪畫的目的是為了表達一種想法，而非情緒。因此在他的繪畫裡，比起形象，色彩往往居於較次要的地位，它並非不重要，而只是依照形象的需要來做選擇。

一九八三年高信疆從「人間副刊」卸任離職，一九八九年，時任《聯副》主編的瘂弦邀林崇漢轉往《聯合報》，擔綱美術顧問並專事插畫創作。二〇〇五年至二〇〇六年間，林崇漢接連出版了《夢的使者》、《諸神黃昏》兩本畫集，迄今為止，林崇漢仍接受《聯合報》副刊的稿約，持續有插畫作品登載。

談到當今面臨資訊爆炸的時代，台灣新一代設計師的書籍裝幀在質感上儘管已是愈益細緻、精美，卻也有讀者認為有些過度包裝（over design）之嫌，意即注重第一時間抓住

這是林崇漢早年罕見以設計攝影方式製作的書籍封面，照片門縫裡的書堆是林崇漢家中的私人藏書，上面擺設的小雕像亦是他的硬黏土雕塑作品，年代久遠也蹤跡邈邈。

——

《書中書》，苦苓著，1986，希代出版，封面設計：林崇漢

《你是音樂家》，游昌發著，1979，時報出版，封面設計：林崇漢

《耳目書》，西西著，1991，洪範書店，封面繪製：林崇漢

讀者目光的吸睛效果，更甚於顧及長期閱讀的需求。對此，林崇漢表示，如今各行各業為了表現在專業領域的突出地位，難免各出奇招。而當前在繪畫、設計、電影等藝術領域，亦皆因數位科技的日新月異，表面上呈顯驚人的狂飆巔峰狀態，但實際上，不論精神文明或地球現狀卻都已經出現瘋狂敗壞的明顯徵兆。「我常認為時代不是在進步，只是在變化，而且是在過度發展而邁向潰敗。」林崇漢不禁感嘆：「其實，我也已經習慣了某些現代的極簡主義和現代電影的快速節奏及表現手法，知道根本退不回西洋產業革命前乾淨地球的生活幻想，但是對科技的戕害人類仍然感到憂心忡忡。」[8]

畢生遊走於繪畫、美術教育、插畫、設計、命理、推理小說、佛學與哲學之間，還從中國陰陽五行術裡發現美的原理，林崇漢認為，任何一個文明社會再怎麼高度發展，合理、經濟、真實應該都是最重要的原則，繪畫與設計當然也不例外。無論是有感而發進行繪畫創作，抑或因應出版社、業者需求而設計封面、海報乃至建築空間，儘管因目的、材料和當下時空感受的不同，導致作品型態各異，但所秉持的美學理念卻是毫無二致的。

《劫後西貢》，歐清河著，1981，時報出版，封面繪製：林崇漢

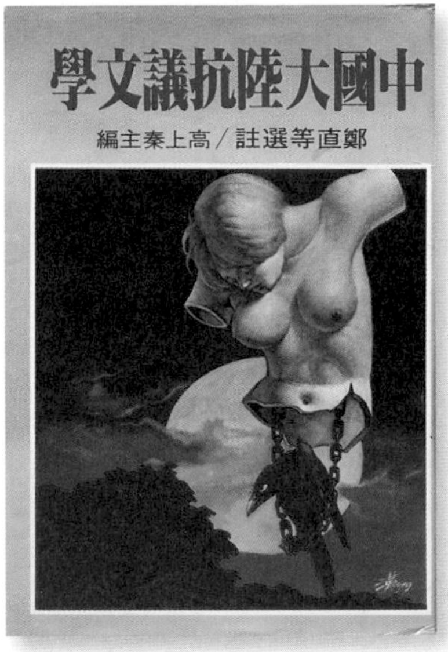

《中國大陸抗議文學》，高上秦主編，1979，時報出版，封面繪製：林崇漢

註釋

1 引自雷驤等著，二〇〇一，《聯副插畫五十年》，台北：聯經出版社，頁一六。

2 林崇漢，二〇一五．七．二十八，電子郵件通信訪談。

3 沈鎧是林崇漢的中學美術老師。一九六二年曾聯合高山嵐、林一峰、張國雄、葉英晉、黃華成、簡錫圭等師大藝術系校友，以提升國內的設計水準為目的，共同舉辦了台灣戰後首個設計展「黑白展」，也曾在《幼獅文藝》、《小說創作》等雜誌撰文或插畫配圖，頗受好評。

4 林崇漢，二〇一五．七．二十八，電子郵件通信訪談。

5 引自周美惠、羅嘉薇報導記錄，〈名人對談──吳炫三、林崇漢：「畫」出天才與天敵〉，二〇〇六．六．十三，《聯合報》。

6 高信疆，二〇〇六，〈山奔海立．縱橫八荒──回首與林崇漢共事的日子〉，林崇漢作品集《諸神黃昏》推薦序，台北：聯合文學出版。

7 林清玄，一九八二，〈像隱逸告別──與林崇漢對談〉，《在刀口上》，台北：時報出版，頁一一〇─一一七。

8 林崇漢，二〇一五．七．二十八，電子郵件通信訪談。

林崇漢　年譜

一九四五　出生於高雄旗山。

一九六四　考入師大藝術系就讀。

一九六八　師大藝術系畢業，進入旗山國中擔任美術教師。

一九七〇　赴金門服兵役，開始對中國哲學發生興趣。

一九七一　役畢，進入永和國中教書，並開始在李哲洋主編的《全音音樂文摘》發表翻譯文章。

一九七三　開始兼職室內設計等設計領域工作。

一九七六　參與編譯【新潮文庫】，出版《西洋神話故事》。

一九七九　受高信疆之邀，參與《中國時報》「人間副刊」舉辦的「人間插畫大展」，自此開始為副刊繪製插畫。同年為【新潮文庫】創辦人張清吉在天母的住家完成建築設計。

一九八〇　在台北「春之藝廊」舉辦國內首次插畫個展。

一九八三　獲頒中華民國國畫學會金爵獎。

林崇漢在自己畫作前。2010年攝於竹北文化中心展覽會場。（林崇漢提供）

一九八五　開始在《推理》雜誌發表短篇推理小說，在《自立晚報》大眾小說版發表長篇科幻小說。

一九八六　發表第一部推理小說《收藏家的情人》。同年組織個人漫畫工作室，並發表科幻小說《從黑暗中來》（先在《自立晚報》連載後由希代出版）。

一九八八　獲邀參加「台灣省立美術館」開館展覽。同年擔任希代【小說族】總編輯。

一九八九　進入《聯合報》擔任副刊美術顧問。同年獲邀參加浙江杭州藝專「國際華人畫家人物畫展」（聯展），首度赴大陸參訪。

二〇〇五　發表《林崇漢作品集1——夢的使者》。

二〇〇六　擔任《聯合文學》藝術指導。同年發表《林崇漢作品集2——諸神黃昏》。

二〇一〇　參與新竹縣政府文化局舉辦「師大美術系五七級聯展」。

（林秦華攝影）

是音樂家
游昌發／著
時報書系236
賴索
黃凡／著

憂鬱如夢一般流淌——徐秀美的畫夢人生

早年喜歡閱讀倪匡科幻小說與英國古典推理女王克莉絲蒂偵探小說（由三毛掛名主編）的五、六年級生，想必都對徐秀美在遠景出版社時期的插畫封面不陌生。

她以簡略寫意、靈動如水的筆觸，揮灑著流雲般的線條，用綺麗繽紛的色彩，渲染著對未知境界的探索與幻想，描繪出光影交織的迷濛氛圍，朦朦朧朧得像溫柔的夢。在徐秀美筆下，人物主角雖不乏有悲傷、憂鬱和苦悶的情緒，卻也同時流淌著熾熱的情愫，洋溢著對美好未來的嚮往及眷戀，情感纖細微妙，意境朦朧如霧，多年來在許多讀者心中歷歷如繪，百看不膩。

戰後出生於台北，在那物質環境不甚豐裕的年代，自幼喜愛畫畫的徐秀美就在塗塗抹抹間度過了童年時光。小學三年級開始，她跟著家人到戲院看電影，「銀幕上連續閃動的畫面，訴說著一個個自己似懂非懂的情節。看著看著，竟為劇中人物的遭遇，莫名地

《流離》，蘇偉貞著，1989，洪範書店，封面繪製：徐秀美

激動著。終場燈亮時，照著一張給淚水糊了的小臉……。」[1]徐秀美如是回憶道：「小時候，由於家中經常搬遷，一個地方、一個環境才剛剛適應，剛剛熟悉的時候，又要搬家到另一個全然陌生的新環境，於是就讀學校、人際關係也跟著不斷地變遷。」[2]這不僅造成了她小小心靈的無根狀態與不安，日後亦逐漸擴展為一種蘊藏苦悶、感傷與輕愁的憂鬱美學觀。

及至中學時期，在校修習繪畫與書法課程，更讓她進一步對藝術產生濃厚興趣。課餘閒暇時，徐秀美喜好翻閱各類報刊雜誌與漫畫書（特別是早期的日本漫畫）。一次偶然的機會，她在書攤上看到一份由香港美新處發行的《今日世界》雜誌，發現裡頭刊載了畫家高寶（又名白羽）的插畫作品，大為傾服。彼時仍就讀初中的她，即嘗試以電影分鏡的概念畫出了一幅幅連環畫作〈黑虎金娃〉，發表在著名的漫畫雜誌《天龍少年》半月刊。十六歲時又在《模範少年》月刊發表一套電影故事漫畫〈烽火鐘聲〉，畫風頗有大師陳海虹的影子。之後，她順利進入復興美術工藝學校就讀，自此踏上了她的繪畫創作道路。

十九歲那年（一九六九）從復興美工畢業後，徐秀美進入聯合設計公司擔任美術設計，同時她也逐漸對電影產生濃厚興趣。後來在偶然的機緣下，她離開了服務兩年的設

徐秀美喜歡在畫面中保有某種程度的空白，認為留白可以營造舒適感，並讓觀者的思想遊走其間。一如世間人情往往很難具體說明，透過空白，常能表達出更強大的力量。

——

《暗夜》，李昂著，1985，時報出版，封面繪製：徐秀美

計公司，轉而進入達達影視從事廣告影片拍攝工作。在這裡，她有效運用學生時代所受到的紮實繪畫訓練，以及因熱愛電影而學到的分鏡、運鏡等影像處理概念，竟爾一手包辦所有相關的美術企劃、導演和製片工作，乃至攝影畫面的美學、場景的調度等。透過跨界整合，徐秀美在廣告影片的企劃腳本中充分發揮這些領域專長，據說她的腳本企畫是當時全台北最好的，深受業主喜愛。

就在她完成多部廣告作品之後，向來喜歡挑戰與學習新事物的徐秀美再度轉換工作跑道，前往中國電

視公司擔綱美術指導。由於中視的待遇環境與福利甚佳，且上班不必打卡，讓徐秀美擁有較彈性的空間可以揮灑，一待就是六年（一九七二—一九七八）。

這段期間，徐秀美主要負責電視台的場景布置、美術圖像與平面設計，工作環境相對安穩。彼時皇冠雜誌社發行人平鑫濤正兼任《聯合報》副刊主編，他相當欣賞徐秀美的畫作，於是便邀請她替《聯合報》繪製插畫，並且為《皇冠雜誌》即將連載的瓊瑤作品《浪花》與《女朋友》繪製小說插圖，以及這兩部小說單行本的封面設計。之後，徐秀美旋即以獨特的水墨暈染、深具抒情風格的插畫創作活躍於台灣各大報紙和雜誌版面，包括《中國時報》、《聯合報》、《中華日報》、《自立早報》、《自立晚報》、《自由時報》、《皇冠雜誌》與《幼獅文藝》等，以及許多著名出版社如遠景、聯經、遠流、長橋、時報、洪範與麥田的書籍封面繪圖與插畫設計，也都常由她包辦。

大體而言，徐秀美的插畫以人物為主，且多數是女性，畫面中瀟灑流落而又帶些顫抖的抒情線條，勾勒出一個個冷峻的表情、張不開的眼睛，以及瑟縮的軀體，疏離且扁平地，像是深深壓嵌在扉頁底層。她透過看似

《女朋友》，瓊瑤著，1974，皇冠出版，封面繪製：徐秀美

線條與渲染是徐秀美插畫的最大特色，針筆的濃黑線、淡雅的鉛筆線，以及勾勒白描的毛筆線等不同質感、不同工具的線條交互運用，交織出一幅線條的夢幻曲。

——

【克莉絲蒂探案】小說系列，1988，遠景出版社，封面繪製：徐秀美

不經意、淡淡的渲染手法，一層層彼此交疊，所形成的寫意氣韻，不禁讓人聯想到倪匡早期科幻小說裡，描寫主人翁被吸進異次元空間的某種詭異情調，於焉構成了所謂「徐秀美風格」的最大特色。

事實上，當年她為遠景繪製的倪匡小說（全套共四十四冊）封面插畫，不惟令廣大讀者印象深刻，更深受作者本人的喜愛，倪匡認為：「畫面中線條全是震顫的，有一股淒迷的震慄感，如夢幻又如真實，完全將小說裡的驚慄感都表現出來。」[3]

倘若以線條本身的個性來闡述插畫家的意念，那麼徐秀美的畫作線條往往讓人感覺介於真實與虛構之間，並且具有某種強烈的暗示及流動意味。毛筆、針筆、水彩筆是徐秀美常用的工具，除了廣告顏料與水彩顏料之外，有時她也加入少許粉彩。「她是一小塊一小塊層層疊疊的渲染，是標準透明水彩的表現方式。」畫家學者蘇宗雄曾為文分析評論她獨具一格的渲染手法，與一般插畫家有著甚大的差異：「一塊單純的單色經過多次重疊後，所表現出特殊的厚重感，卻又帶著無比透明的深度。所以，也許只是樸實無華的單色表現，但架構出的層次變化，遠勝於多彩豔麗的畫面。」[4]

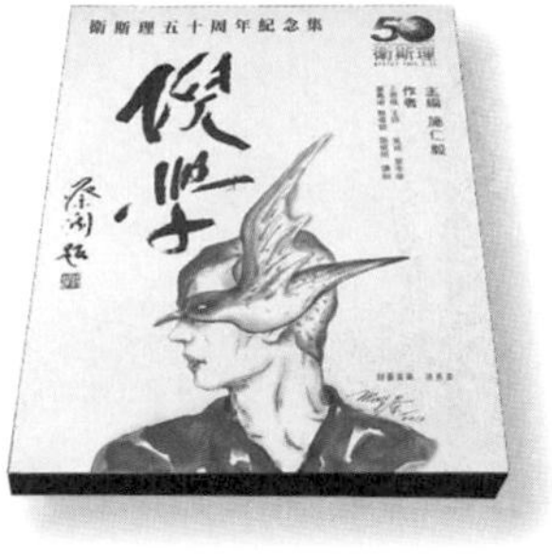

《倪學：衛斯理五十周年紀念集》，王君儒等著，2013，豐林文化，封面繪製：徐秀美

倪匡的小說搭配徐秀美的插圖，每每令讀者引發某種詭異的視覺幻想：黑色線條、近乎單色系的水墨暈染，安靜冷淡的人物表情，彷彿遺棄人群、同時也被人群遺棄的悲哀。在這些非常「徐秀美」的畫面氛圍下，每一張臉孔是一個孤獨的靈魂，曾經陪伴許多讀者度過夢般年少。

【倪匡科幻小說】系列，1980年代初期，遠景出版社，封面繪製：徐秀美

對於不喜愛被成規束縛的徐秀美來說，繪畫可說是一種最親切的表達媒介，她不僅透過畫筆來記錄自己的生活，也藉以抒發工作上的壓力。不需耗費太大的心思與精神，就能將自己的想法傳達出來，毋寧是最令她感到隨興自在的一種表現形式。

然而，正當徐秀美在插畫及美術設計界名聲漸起、自創出特定風格之後，她又興起跳脫既有熟悉環境的強烈念頭，想嘗試開拓另一新的領域。一九八〇年代初期，她以「徐秀嘉」之名，與友人合夥創立服裝設計品牌「愛門服飾」並擔綱創意總監，一手包辦所有對外的廣告宣傳及藝術設計。一九八三年，她又毅然決定放下一切、走出台灣，隻身前往美國紐約「帕森斯設計學院」（Parsons School of Design）進修，插畫作品並刊登在美國著名的設計雜誌《Savvy》、《Gourmet》與《Print》上。及至翌年遊學生活告一段落、返台以後，徐秀美還陸續涉足室內空間、雕塑家具及公共藝術等領域。對此，徐秀美調侃自己像是缺氧的人，總在做新的嘗試，似乎只有如此才能有足夠的空間可以呼吸。

1979年徐秀美設計自創品牌「愛門服飾」廣告海報。（徐秀美提供）

《愛之旅》、《獵夫記》，卡德蘭著，1977，長橋出版社，封面繪製：徐秀美

儘管徐秀美的創作媒材與表現形式多元，原則上卻都不脫以探討「人」與「空間」的生存處境，作為貫穿她所有創作的中心意念，諸如插畫和繪畫表現的是平面視覺空間、服裝設計著重於身體空間、家具設計重視生活空間與身體的歸屬感，而公共藝術雕塑則是進一步關注城市地景與環境美學。

徐秀美強調，一幅美好的插畫可以是藝術，一件優秀的雕塑或水彩油畫也是藝術，任何型態的（藝術）作品只有好壞、而沒有類別高低。她表示無論從事插畫、繪畫或者其他各跨藝術領域，創作者都必須懂得不斷從挫折、歷練與重建中認識自己，將自身的特點發揮出來，以便創造不同的可能性及生機。她更認為好的作品總是能不斷讓人「回甘」(Sweet aftertaste)[5]、細細品味，也唯有這樣的作品才經得起時間的考驗，歷久彌新。

註釋

1 王哲雄，一九九〇，〈憂鬱美學的新圖象—評徐秀美近作展〉，《藝術家》，台北：藝術家雜誌社，頁三二九—三三一。

2 王哲雄，一九九〇，〈憂鬱美學的新圖象—評徐秀美近作展〉，《藝術家》，台北：藝術家雜誌社，頁三二九—三三一。

3 王蕾雅，二〇〇三，《徐秀美插畫風格分析與時代意義》，國立台灣科技大學碩士論文，頁五八。

4 蘇宗雄，一九八二，〈線條與渲染交織出的『徐秀美風格』〉，《藝術家》雜誌，頁二三二—二三三。

5 王蕾雅，二〇〇三，《徐秀美插畫風格分析與時代意義》，國立台灣科技大學碩士論文，頁五八。

1986年12月至1987年3月，《動象月刊》從創刊號至第四期，包括封面模特兒的造型設計、化妝、燈光、攝影皆由徐秀美一手包辦。繽紛綺麗的色彩，隱隱流露出一股優雅精緻的東方情調，彷彿她筆下的插畫女子走向真實世界，旖旎婀娜、恍似迷離春夢。

徐秀美　年譜

一九六六　在《模範少年》月刊發表電影故事漫畫〈烽火鐘聲〉，畫風頗有大師陳海虹的影子。

一九六九　復興商工美工科畢業。

一九七〇　進入聯合設計公司，任職平面設計。

一九七一　進入達達影視公司，任職美術部副理。

一九七二　進入中國電視公司，擔任美術指導，並開始為平鑫濤主編的《聯合報》副刊繪製插圖。

一九七八　與友人合夥創立「愛門服飾設計公司」並擔任創意總監。

一九八二　在台北春之藝廊舉辦插畫個展、並由正文書局出版《徐秀美插畫作品集》。

一九八三　赴美進入紐約帕森斯設計學院（Parsons School of Design）研習。

《徐秀美插畫作品集》，徐秀美著，1982，正文書局，封面設計：徐秀美

在創作上，徐秀美不斷挑戰自己、勇敢嘗試，認為唯有如此才有足夠空間可以呼吸。（徐秀美提供）

一九八五　美國紐約設計雜誌《Print》介紹徐秀美插畫作品。

一九八七　在台北福華沙龍展出「插畫的世界」。

一九九〇　出版個人插畫作品集《圖像札記》，並於台北永漢藝術中心及台中金石藝廊舉行個展。

一九九九　參與台北市都發局「敦化藝術通廊」公共藝術競賽得獎、並製作完成公共藝術作品「鳥籠外的花園」，設置於敦化南路及忠孝東路口。

二〇一〇　在台北當代藝術館舉辦「藝術的『空．間．謎．變』裝置展」。

二〇一三　香港貿易發展局主辦第二十四屆香港書展特設「衛斯理五十周年展」，現場展出倪匡小說手稿及徐秀美親繪封面畫作原稿。

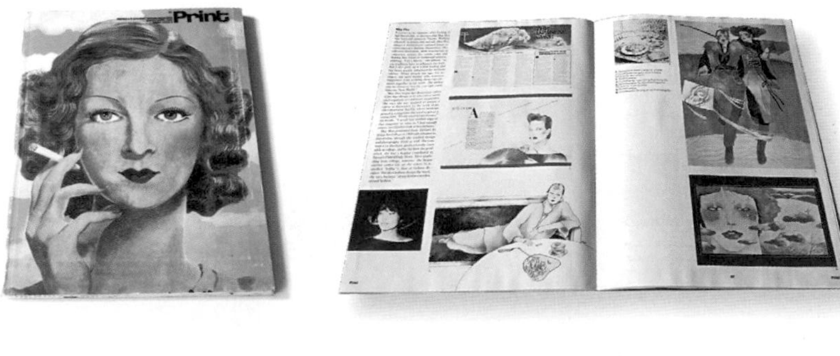

1985年美國著名設計雜誌《Print》三、四月號介紹徐秀美插畫作品。

愛妻
鍾曉陽

（林秦華攝影）

煙雨濛濛間的彼得潘——吳璧人的羅曼史王國

想當年，她揮灑手中畫筆，詮釋瓊瑤小說裡不食人間煙火的愛情世界，與林青霞、胡因夢、三毛等人共同塑造了台灣一九七〇、八〇年代羅曼史小說電影全盛時期一段刻骨銘心的集體記憶。想像男女主角愛得天崩地裂、海枯石爛，再搭配她筆下如夢似幻、俊男美女人物形像獨樹一格的手繪美形插畫，更讓許多讀者迷醉不已。

「夢幻是雙魚座的典型特徵。」[1]她說。回溯一九七五年，那年她二十二歲，進入了《皇冠》雜誌社擔任美術編輯。從最初替瓊瑤小說《一顆紅豆》繪製插畫開始，乃至最後一部改編搬上大銀幕的作品《昨夜之燈》，這段期間她幾乎包辦了所有連載瓊瑤小說的雜誌插圖與封面設計，一連畫了將近十年之久，被封為「瓊瑤小說封面御用畫師」。直到後來瓊瑤不寫小說了，她也就索性放下畫筆，轉而投身鑽研珠寶設計、占星學與塔羅牌等領域。

早年看過瓊瑤小說的讀者，應該都難忘吳璧人筆下那些空靈而美麗的插畫。畫中人物憂鬱迷離的眼神、優美流暢的身姿，彷彿從煙雨濛濛中穿越而來，打濕了島內一整個世代少女的情感世界。

《彩雲飛》，瓊瑤著，1989，皇冠出版，封面繪製：吳璧人

她是吳璧人（一九五四—），自小生長在民風純樸的古都台南。童年時期，她對任何新鮮事物都充滿了好奇，平日最喜歡跟在兩個哥哥後面到處亂跑，舉凡爬樹上房、下溪捉魚、玩竹劍、打陀螺，抑或沿著坡地攀爬至高處，再順著坡度往下滑、甚至一躍而下。如此帶著一股天真傻氣的直率與無畏，加上與生俱來的好奇心和冒險性格，讓吳璧人懵懵懂懂間覺得自己就像童話故事裡的小飛俠彼得潘，彷彿正在經歷一場非比尋常的奇妙冒險，日常生活中處處閃爍著幻想的光芒。

十八歲那年（一九七二），就讀台南家專（今更名為「台南應用科技大學」）西畫組（油畫科）期間，吳璧人以一幅寫生畫作「廟宇」獲得省立台南社教館主辦「第七屆青少年水彩畫巡迴展」少年組第三名。迨從學校畢業後，吳璧人先是在《婦女世界》雜誌擔任美工，幾個月後被平鑫濤挖角到《皇冠》雜誌，成為皇冠第一位專職的美術編輯，兼繪插畫。在皇冠待了十年（一九七五—一九八五），之後又轉到《民生報》影劇藝文中心（一九八六—二〇〇一）擔任美編。這段期間，吳璧人同時也替《中國時報》、《中央日報》，以及遠流出版、漢藝色研、兒童天地等單位繪製了大量的插畫創作和書刊封面設計。

一九七六年，平鑫濤辭去《聯副》主編一職，與瓊瑤、盛竹如等人合資成立巨星影業公司，專門把瓊瑤的小說作品翻拍成電影，並延請吳璧人擔任電影部門的美術指導，

《庭院深深》，瓊瑤著，1987，皇冠出版
《人在天涯》，瓊瑤著，1982，皇冠出版
《一簾幽夢》，瓊瑤著，1986，皇冠出版
《寒煙翠》，瓊瑤著，1982，皇冠出版

封面繪製：吳璧人

一手包辦影片中的造型服飾、佈景道具、劇照海報等。也因此讓她有機會跟著劇組到南部出外景，有時一邊旅行、一邊繪製沿途的風景，每每寓玩樂於工作中，一做就是八年（一九七六—一九八五）。那時正是瓊瑤愛情文藝片風靡台灣的輝煌時期。翻覽早年《皇冠》雜誌所刊載瓊瑤膾炙人口的小說，插畫幾乎都出自她的手筆。

回顧以往，吳璧人自云從未刻意規畫、設計過自己的人生。灑脫不拘小節的她，做任何事情一向都是隨興之所至，甚至不按牌理出牌，生活在自我的精神世界裡。對吳璧人而言，繪畫是她的興趣也是專長，因此當她步入社會以後，即一直從事這方面的工作。但她也坦承，對於「平面設計」與「插畫」，她其實是比較鍾情於插畫，因為「較能享受發揮創意及盡情揮灑的樂趣」[2]。

「僅僅按照情節配上旁白說明般的插圖並不難，」吳璧人表示：「可是我還想試試讓畫面自己傾訴出一份真實的感情。」[3]她在皇冠出版社擔任美術編輯期間，在某個偶然的機緣下，與當時著名的女作家三毛見面，由於彼此性情志趣相投，又同樣有著豐富的感情經歷，工作之餘也都喜歡流浪，雙方一見如故，自此成為終生摯友。之後經常結伴出國，同遊印度、尼泊爾，以及台灣各地。其中有一回印度之旅，特別讓她受到視覺的震撼。「印度很窮，但是很豐富，很典雅。」吳璧人止不住讚歎道：「印度人是天生的藝

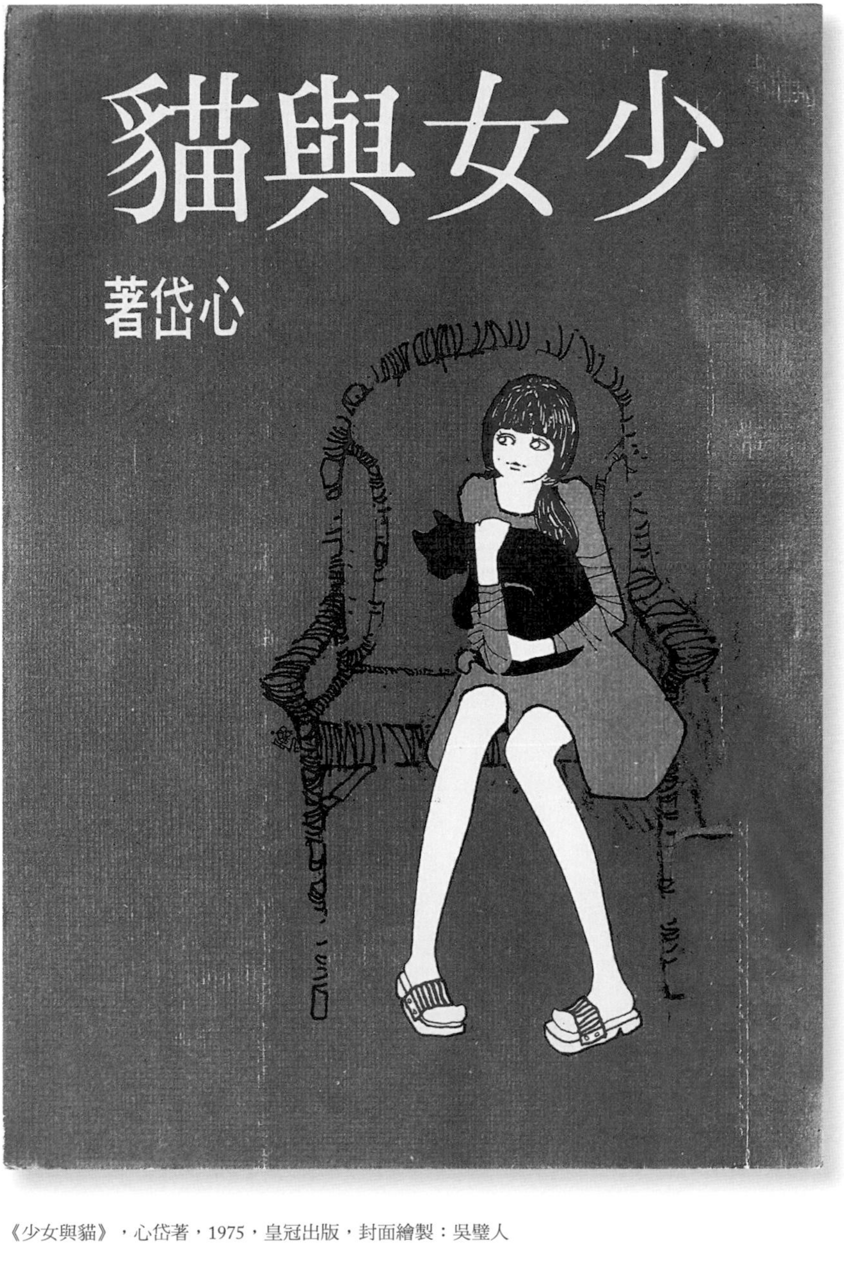

《少女與貓》，心岱著，1975，皇冠出版，封面繪製：吳璧人

術家，不論建築、工藝品，甚至食物，都飽含色彩，裝飾性強烈。」[4]

待她返國一段時日，印度之旅的刺激逐漸沉澱，一向偏愛樸拙民族風格飾品的吳璧人心念一轉，油然興起「自己動手做」的念頭。於是，擁有美感設計能力及一雙巧手的吳璧人，開始構思首飾串珠的造型，試著尋找各種材料、摸索金工鍛造技術。約莫從一九八八年起，她開始敲敲打打做起銀飾與半寶石飾品，先是供自己或送給親友配戴，頗受好評，旋即於翌年成立「璧人珠寶工作坊」。而後隨著作品存貨漸多，便陸續在台北永康街「遊藝鋪」、福華飯店的沙龍藝廊、東區「鐵網珊瑚」首飾藝廊，以及服裝設計師溫慶珠的店面等地寄賣。據「遊藝鋪」負責人鄭慧蘋表示：「銷路極佳。」[5]

為了更上層樓，吳璧人還特地去參加工業局辦的珠寶設計訓練班，拿到證照，奠定初步基礎，後來也去學了珠寶鑑定。當時由於她晚間仍須到雜誌社上班，吳璧人只得利用下午上班前的時段製作首飾。及至一九九四年六月，未曾辦過插畫展的吳璧人，反倒是在「鐵網珊瑚」舉辦了生平頭一回的首飾設計個展，現場展出百件手製飾品。

「在設計製作首飾的過程中，不斷有困難發生，等待我去解決，就好像有祕密等待我去挖掘，這些不可知，牽引著我往前走，越走越入迷，就這樣由業餘成為專業啦。」[6]原本以繪製插畫、版面設計著名的吳璧人，如此描述她在中年時期無心插柳闖入首飾珠寶

《乾隆韻事》，高陽著，1982，皇冠出版，封面繪製：吳璧人
《小白菜》，高陽著，1985，皇冠出版，封面繪製：吳璧人

設計領域的心路歷程。

吳璧人認為自己喜愛平和自然的生活態度，及凡事感恩隨緣的樂觀個性，使她非常容易感知宇宙自然中的能量及奧祕。「我越來越深地體會到其實人跟萬事萬物是聯繫在一起的，我們都是這個宇宙的一份子……你遇到的每一樣東西都是你自己和他人，我們都是以一種共振的方式存在著，沒有事情是偶然的。」[7]吳璧人如是宣稱。

早從中學時代起，吳璧人便已對占星術產生濃厚興趣。為此，她開始勤奮自學研究占星學、塔羅牌等相關領域。出了社會、進入雜誌社工作，餘暇時更經常替同事及朋友們算命、排命盤。

約自一九九五年以降，吳璧人陸續在《中國時報》、《民生報》、《聯合報》、《財富人生》與《美洲世界日報》等報紙雜誌撰寫星座專欄，替人世男女指點迷津、釋疑解惑。就這樣持續了十年左右，後來乾脆不做首飾了，轉行成為一名全職的塔羅占卜師，不定期於台灣和中國大陸兩地開班授課，專門講授西洋占星學、塔羅牌、花精療法、水晶療法等課程。

「我喜歡玩票，喜歡一切美的事物。」[8]吳璧人自承說道。

時至今日，儘管吳璧人早已停下手中的畫筆，卻仍有不少讀者對她早年所畫的文學插畫封面情有獨鍾，感覺特別親切。甚至有熱情的書迷為了收藏這些舊版封面，不惜跑遍各地舊書店與二手書店淘書尋寶。

回首顧盼，讀者心中那些消逝了的歲月，都已化為溫暖而潮濕的記憶。

註釋

1 引自二〇一四年四月，〈吳璧人——穿裙子的彼得・潘〉，《南方人物周刊》，中國：廣州。

2 引自卓芬玲，一九九三・九，〈毫釐之美開啟新天地——插畫家吳璧人與首飾設計〉，《婦友》雙月刊革新號第八四期。

3 引自二〇一五・十・二十五，〈現代女巫：吳璧人〉，網站「星座１２３」占星師簡介。

4 引自卓芬玲，一九九三・九，〈毫釐之美開啟新天地——插畫家吳璧人與首飾設計〉，《婦友》雙月刊革新號第八四期。

5 引自卓芬玲，一九九三・九，〈毫釐之美開啟新天地——插畫家吳璧人與首飾設計〉，《婦友》雙月刊革新號第八四期。

6 引自卓芬玲，一九九三・九，〈毫釐之美開啟新天地——插畫家吳璧人與首飾設計〉，《婦友》雙月刊革新號第八四期。

7 引自二〇一四・四，〈吳璧人——穿裙子的彼得・潘〉，《南方人物周刊》，中國：廣州。

8 引自二〇一〇・五・二，〈中後期瓊瑤小說的御用插畫師——吳璧人〉，「瓊瑤國度的博客」。

吳璧人不僅在早期《皇冠》書系留下了大量的設計作品，也替當時由陶曉清主編、採訪校園民歌手的【這一代的歌】系列，設計了春、夏、秋、冬等系列封面。那些暈染的淡彩、重疊的層次、失焦的輪廓，乃至以意境主題襯托出欲語還休與朦朧飄逸的人物眉目等，皆可窺見吳璧人如詩如幻、獨樹一幟的浪漫筆觸。

【這一代的歌】《三月走過》、《唱自己的歌》、《秋風裡的低語》、《回家\想你\歌》，陶曉清編，1979～1980，皇冠出版，封面設計：吳璧人

吳璧人　年譜

一九五四　出生於台南。
一九七二　就讀台南家專期間以一幅寫生畫作「廟宇」獲得省立台南社教館主辦「第七屆青少年水彩畫巡迴展」少年組第三名。
一九七五　擔任皇冠雜誌社美術編輯。
一九七六　擔任香港巨星影業公司美術指導。
一九八四　擔綱《民生報》【兒童天地叢書】封面設計和插畫創作。
一九八六　擔任《民生報》影劇藝文中心美術編輯。同年擔任《民生兒童天地周刊》美術設計組副組長。
一九八九　跨行投入首飾設計製作，並成立「璧人珠寶工作坊」。
一九九〇　成為《皇冠雜誌》亞洲版、美加版第一位

《一顆紅豆》，瓊瑤著，1979，皇冠出版，封面繪製：吳璧人

《皇冠》雜誌第337期，1982年3月，封面繪製：吳璧人

美術主編。

一九九一　協助漢藝色研出版社進行封面設計和插畫創作。

一九九四　在台北東區「鐵網珊瑚」首飾藝廊舉辦生平第一次首飾設計個展，現場展出百件飾品創作。

一九九五　投入西洋占星學研究，並陸續在各報刊雜誌撰寫星座專欄。

一九九六　開始主持「蕃薯藤網站星座頻道」，同年出版《遇見十二星座貓咪：愛貓心性大解碼》。

一九九八　在時報公司出版《星星知我心：十大行星vs.十二星座》。

二〇〇三　歌手許茹芸發行新專輯《雲且留住》，收錄瓊瑤早期經典電影主題曲，唱片公司同時也將吳璧人當年繪製的瓊瑤小說插畫印製成四款明信片，搭配首批專輯限量發行。

二〇一二　在中國上海開班講授花精自然療法。

二〇一三　在中國北京開班講授西洋占星學、塔羅牌課程。

二〇一六　在台北、上海等地開班講授西洋占星學與塔羅牌課程。

（林秦華攝影）

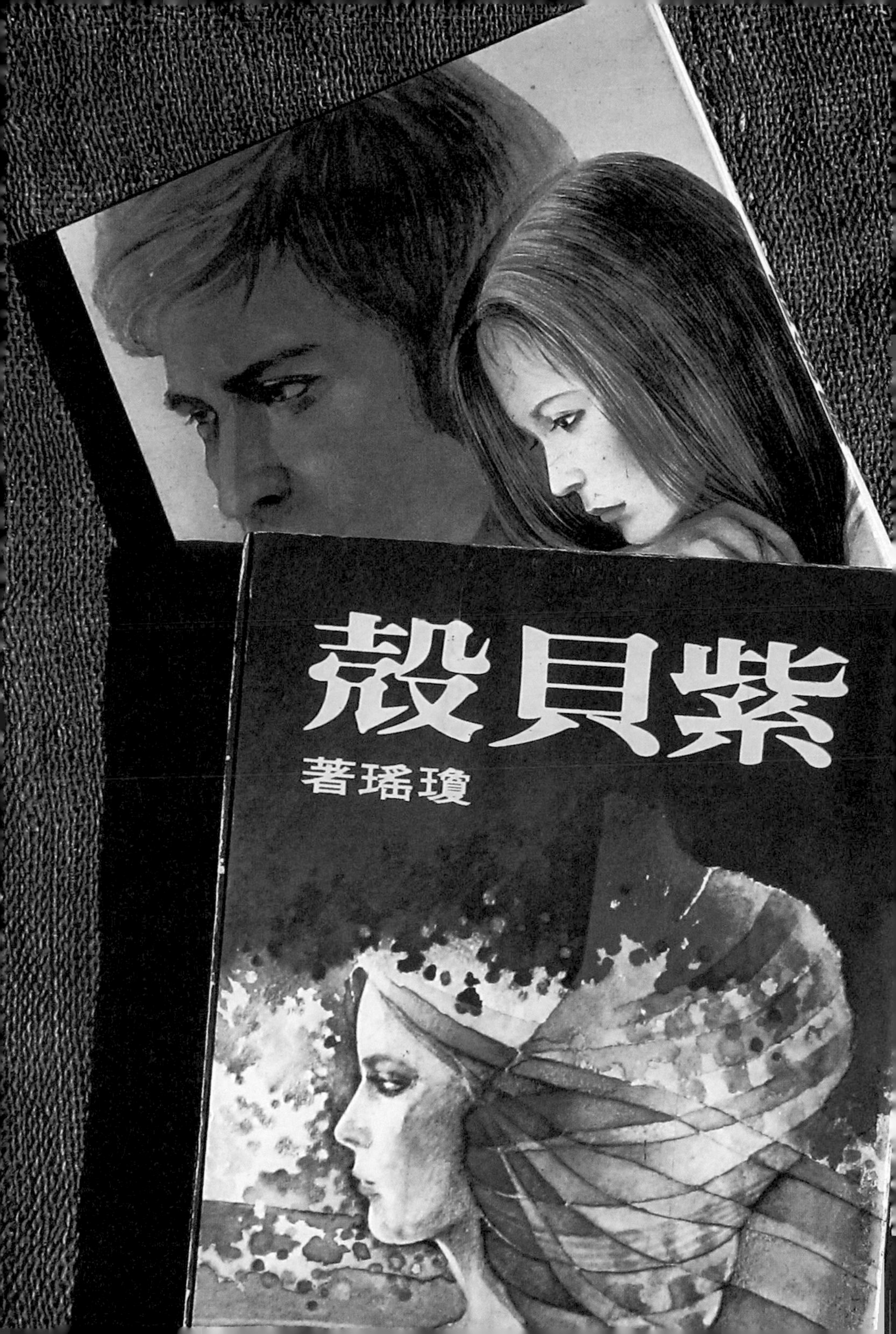
紫貝殼
瓊瑤著

沿著線條追逐的想像——阮義忠的抽象線畫

以美學觀點來看，似乎一切有關藝術審美的奧祕及根源都與線條有關。二十世紀現代藝術巨匠保羅．克利（Paul Klee, 1879-1940）曾說過一句名言：「繪畫就是牽著一根線條去散步。」道出了線條在本質上的隨意性格，能夠讓畫家最直接且自由地表達出某種潛藏的精微感覺和細膩情緒，並留給觀看者無限的想像空間。

衡諸視覺藝術中所謂點、線、面三大基本構成要素，線條毋寧是最簡便、最直接表現形象的繪畫手段（孩童的第一筆繪畫都是由線條開始的），同時也是最富變化、最具個性的存在，透過線條的流動、排列與組合，便能豐富表現出事物的節奏性和韻律感。

流連在舊書攤的故紙堆裡，我總是屢屢驚豔於攝影家阮義忠（一九五〇—）早年以筆名「QQ」在《幼獅文藝》、《主流詩刊》等文學雜誌所描繪的那些洋溢著現代感的線條插畫，彷彿年輪掌紋般繾綣而細密，簡約不顯單調，前衛氣息十足。

《風格之誕生》，瘂弦主編，1970，幼獅文藝社，封面繪製：阮義忠

他以大量層疊相依、疏密有致的鋼筆墨線，勾勒出一幅幅優美流暢的抽象畫，時而峻峭跌宕如山巒起伏，時而細膩婉約如根莖葉脈，細密的紋理，豐富了整體層次感。線條之間又彼此牽連，引人產生形而上的聯想，轉化為一股濃郁而厚重的美學力量。

自幼生長在宜蘭縣頭城鎮一傳統木匠人家，阮義忠的童年歲月幾乎皆在老家田園裡的農忙勞動中度過。由於從小被迫從事農務工作，曾讓他一度「視農夫為可恥印記」，並且痛恨自己的身世命運，認為「與土地、汗水有關的一切東西都是卑微的」[1]。於是，他經常利用蹺課來彌補個人失去的自由時間，以致就讀頭城中學初二時被勒令退學，後被親戚轉帶到冬山中學就讀。在外地求學期間，為了逃離土地的束縛、盡早擺脫農家子弟的身分，阮義忠開始勤奮學習，飢渴地閱讀大量文藝作品和世界名著，就連生硬的哲學書籍也生吞活剝、囫圇吞棗地讀著，舉凡托爾斯泰的《戰爭與和平》、《莎士比亞全集》、宮布利希的《藝術的故事》、肯尼斯．克拉克的《文明的腳印》，乃至杜思妥也夫斯基的小說、沙特與卡繆的存在主義等，幾乎無所不讀。與此同時，他也很熱衷於嘗試當時最前衛的抽象畫，用最簡潔的鋼筆線條，描繪出他孜孜矻矻追尋的，一個沒有泥土、汗水及勞動的烏托邦世界。

對他來說，沒有什麼比留在農村更令人感到恐懼的了。因此，他將希望寄託在繪畫和

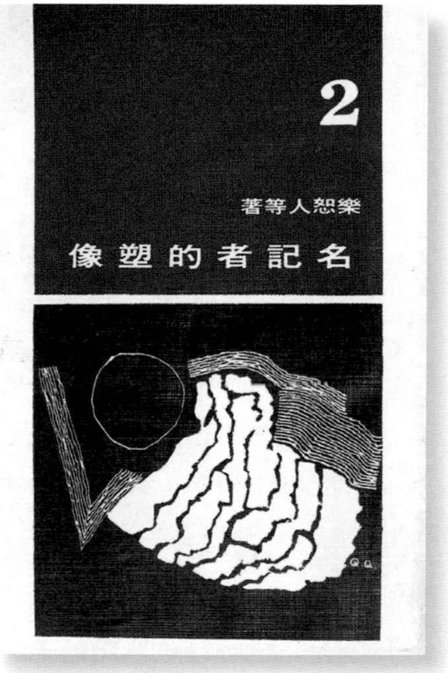

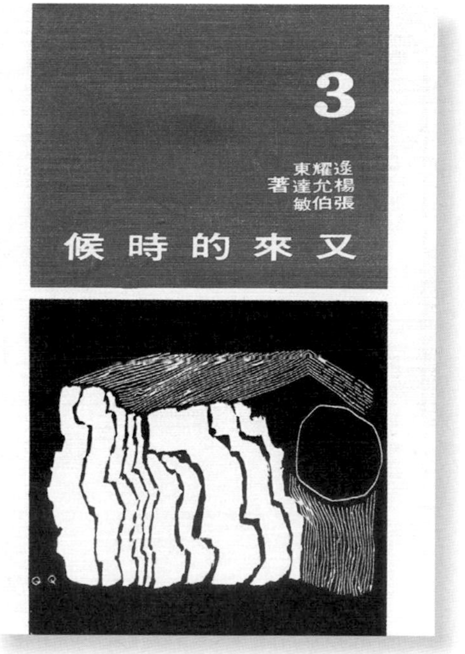

《名記者的塑像》，樂恕人等著，1970，莘莘出版社
《又來的時候》，逯耀東等著，1971，莘莘出版社

封面繪製：阮義忠

文學上（這兩樣只需要簡單的紙和筆），渴盼能夠透過讀書與畫畫，「晉身」成為知識分子或文人畫家，讓他擺脫鄉土、遠走高飛。

十九歲那年（一九六九），大專聯考落榜後，阮義忠上台北找工作。在詩人瘂弦的賞識下進入《幼獅文藝》擔任美術編輯，任職期間（一九六九－一九七〇）他為該雜誌內頁與諸多文學書籍繪製了一系列風格獨特的內頁插圖及封面設計。當時，詩人羅青對阮義忠的插畫評價極高，認為他那「獨出己意」的筆法，不僅在精神上能與文字配合，在造型上「並沒有淪為文字的解說」，是台灣近年來「唯一能夠經由插畫而發展出自己獨立藝術語言的人」[2]。

「音樂與詩的意味在他的線畫中，明顯看得出來。」早年畫家席德進亦曾經為文讚譽阮義忠的插畫自然而然地表露出一種獨特的音樂性，描述他「常常

《主流》詩刊第8期封面，1972，主流詩社，封面繪製：阮義忠

《主流》詩刊第7期封面，1972，主流詩社，封面繪製：阮義忠

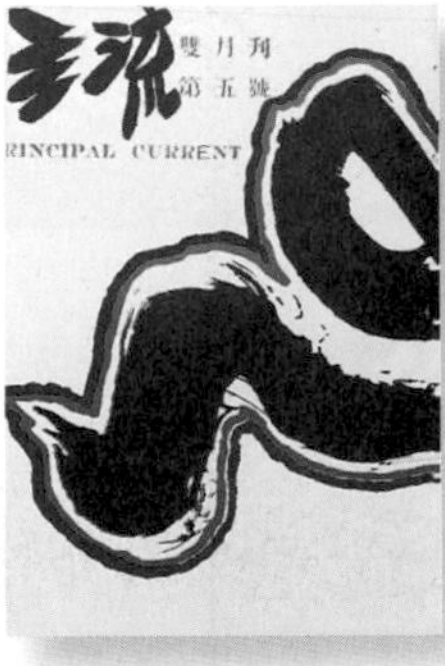

《主流》詩刊第5期封面，1972，主流詩社，封面繪製：阮義忠

《主流》詩刊第6期封面，1972，主流詩社，封面繪製：阮義忠

在播放古典音樂的咖啡室泡上半天，手中也捧著一本詩集。可是他並沒有寫詩，卻用了粗、細、直、曲、剛、柔的線條轉化成為他的形象的詩篇。這些形象帶著律動和節奏，在線與線之間產生了一種音響感。」[3]

作品畫面中，阮義忠非常自由地運用著各種縱橫曲折的線，彼此不斷延伸交錯，逐步形成一個自我的世界（阮義忠否認他的畫是插圖，亦不必和文章內容有所關聯，因此他的畫是獨立的，如同雕塑作品般自我存在）。他的線條扭曲之後往往拉得很長很長，勾勒出介於抽象與具象之間的圖案紋理，宛若一圈圈蜿蜒的小蛇，有時則像一片岩層、一道指紋，抑或是一束植物葉脈的組織、一塊礦石的剖面，溫和地、緩緩地流動著，疏密交疊、虛實錯落，自成天趣。前衛的畫風筆觸，讓青年阮義忠逐漸在台北藝文圈內闖出名號。

從《幼獅文藝》去職後服役三年，當兵時的苦悶讓他看完了台灣市面上所有能買到的現代詩集，也開始寫起詩和小說（其中有兩首詩被選入蕭蕭、張默編選的《現代詩三百首》）。退伍之後，透過黃春明及高信疆的介紹，成為《漢聲雜誌》美術編輯（一九七二）。在雜誌創辦人黃永松鼓勵他「多走多看多拍」[4]的期勉下，生平頭一回拿起單眼相機的阮義忠，便奉命獨自到台北萬華街頭拍照取景，從此踏入人文紀實攝影的領域。

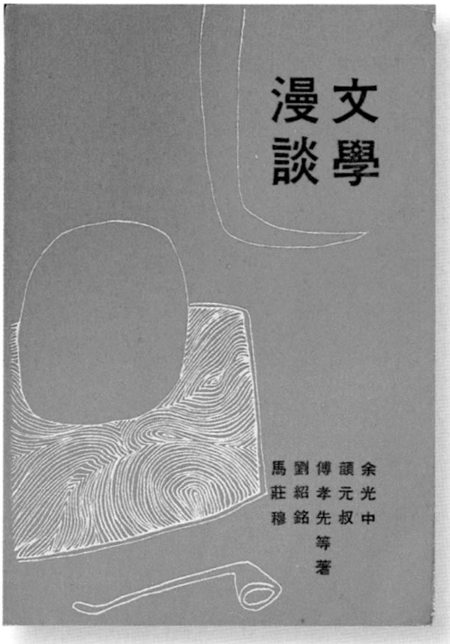

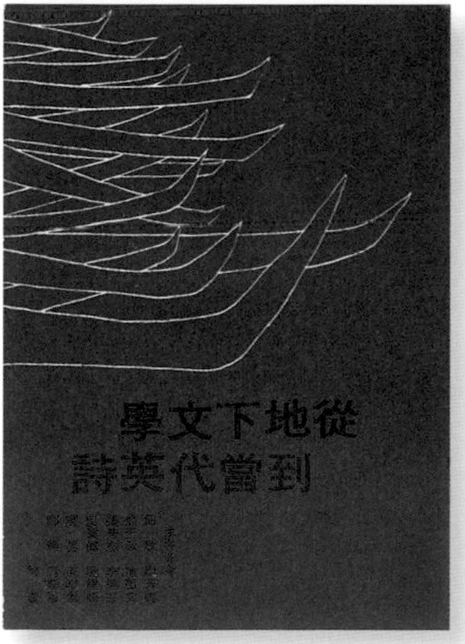

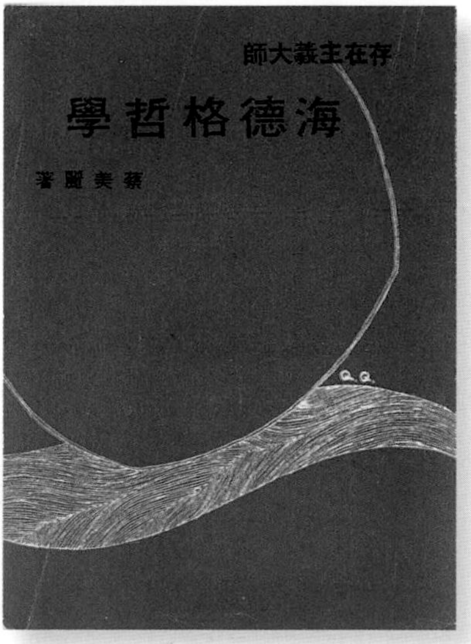

《文學漫談》，余光中等著，1972，環宇出版社
《康橋踏尋徐志摩的踪徑》，奥非歐（李歐梵筆名）著，1970，環宇出版社
《從地下文學到當代英詩》，顏元叔等著，70，環宇出版社
《海德格哲學》，蔡美麗著，1970，環宇出版社

封面繪製：阮義忠

一九七五年，二十五歲的阮義忠轉到《家庭》月刊擔任編輯兼攝影師。那期間，他幾乎走遍台灣各地的山村角落，過程中完全是自己一個人跋山涉水，包辦所有旅行探勘、田野訪查，拍照片、寫文章，紮紮實實地做了六年，後來即以此為基礎，孕育出了一系列攝影代表作「人與土地」。

一九八一年，阮義忠又被隸屬的台灣電視公司看中，轉而製作紀錄片，任職期間（一九八一—一九八七）陸續發表了兩百多部紀錄片。及至一九八七年，「阮義忠暗房工作室」成立，並在日後逐漸成為台灣最具影響力的攝影教育機構之一。在那資訊匱乏的一九八〇年代，他撰述了《當代攝影大師》和《當代攝影新銳》，帶給迷惘的攝影愛好者一扇具國際視野的窗戶。只有高中學歷的阮義忠，自一九八八年起亦在國立藝術學院（後升格為台北藝術大學）美術系兼任攝影教師，二〇一四年退休。

回顧過去，阮義忠曾謂在從事攝影工作之前：「畫畫是我小時候怎麼樣也壓不住的衝動，也是最自由、即興之事，念頭一來，抓到任何紙頭就開始塗鴉。」[5]甚至希望能在七十歲時將那些舊稿整理出版成畫冊。

近年，阮義忠經常以「意外」兩個字，來歸結自己跟攝影的結緣。假若當年沒有拿起相機，或許今日的阮義忠會是一名插畫家，或是一個詩人、一位小說家。

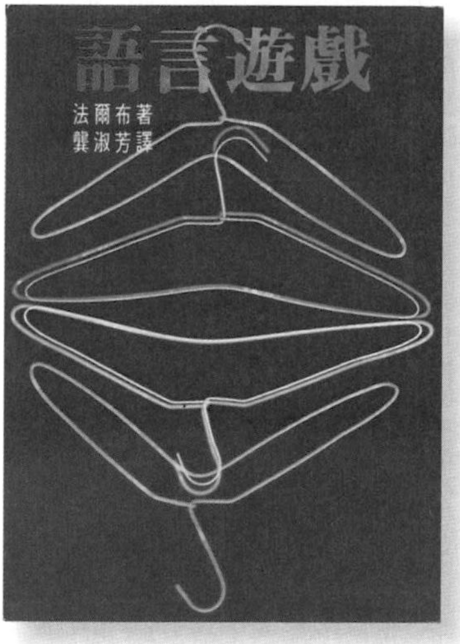

《語言遊戲》，法爾布著，龔淑芳譯，1984，遠流出版公司，封面設計：阮義忠

《民俗擷趣》，郭立誠著，1977，出版家，封面設計：阮義忠

註釋

1 引自王力行，一九八七・五，〈鏡頭詮釋大地——阮義忠的蛻變歷程〉，《遠見雜誌》第一一期。

2 羅青，一九七六，《羅青散文集》，台北：洪範，頁一六九。

3 席德進，一九七〇・十，〈阮義忠的線畫：自我心靈的獨白〉，《大學雜誌》第三四期，台北：大學雜誌社。

4 引自藍漢傑，二〇一三・五・二十三，〈留住雲端風景——阮義忠〉，《明報周刊》第一六九期。

5 引自二〇一五・九・二十四，《深圳商報》，〈台灣的攝影教父阮義忠：以談戀愛的心情看眼前事〉。

阮義忠　年譜

一九五〇　出生於宜蘭縣頭城鎮。

一九六六　就讀頭城高中期間，開始作鋼筆畫、勤讀哲學與文學書籍。

一九六七　大學聯考落榜，到台北求職、於《幼獅文藝》擔任編輯，為小說畫插圖，同時替上百本文藝書籍設計繪製封面。

一九六八　入伍服役三年，為海軍艦艇通訊士官，開始寫詩、小說及藝評。

一九七二　進入《ECHO》（漢聲雜誌英文版）擔任美術編輯，開始拍照。

一九七五　轉入電視周刊社《家庭月刊》擔任攝影編輯，陸續發表六十多篇本土攝影報導文章。

一九八一　由攝影跨行到電視節目，陸續發表《映象之旅》、《戶外札記》、《大地之頌》、《靈巧的手》等紀錄影片兩百多集。

一九八七　在陳映真創辦的《人間》雜誌擔任顧問，並發表紀實攝影作品《台北謠言》與《人與土地》。同年成立「阮義忠暗房工作室」，開始教授攝影。

一九八八　開始在台北藝術大學美術系任教，講授攝影課程。

阮義忠剛到《幼獅文藝》工作時，攝於位在南京東路的租屋處。拍攝者是他來台北第一位認識的作者、且日後成為知交的高信疆。（阮義忠提供）

一九九〇　與太太袁瑤瑤共同創辦「攝影家出版社」。
一九九一　受邀加入「歐洲攝影歷史協會」，成為該會的首位亞洲成員。
一九九二　創辦《攝影家》（PHOTOGRAPHERS International）中英雙語版國際雜誌，介紹世界各國優秀攝影家作品。
一九九五　入選《全球當代攝影家年鑑》。
一九九九　發生九二一大地震後，開始成為台灣佛教「慈濟基金會」志工，隨即投入慈濟為災區五十所學校重建的記錄工作。
二〇〇五　受聘擔任「中國魯迅美術學院」客座教授。
二〇〇七　獲頒「東元科技文教基金會」人文類獎。
二〇〇九　被中國《南方人物周刊》選為該年度全球華人魅力人物五十位其中之一。
二〇一三　獲頒第一屆全球華人傳媒大獎「攝影文化貢獻獎」。
二〇一四　自台北藝術大學以教授資格退休，開始於中國各大城市開設工作坊。
二〇一五　獲中國《生活月刊》頒發「國家精神造就者榮譽」。
二〇一六　成立「阮義忠攝影人文獎」，鼓勵全球華人攝影家創作具人文精神的影像，第一屆於十一月二十六日在中國烏鎮木心美術館頒獎。

文學漫談
余光中
顏元叔
傅孝先等著
劉紹銘
馬莊穆

（林秦華攝影）

從地下文學到當代英詩
本書作者：
何欣
顏元叔
張芳杰
吳奚真
吳昊
鄭臻
尉天驄
陳祖文
李達三
吳鸞鳴
王李盈
馬莊穆
等著
哲學
蔡美麗著

李男

Nan Lee

根植於土地的人間圖像
見證人文報刊的輝煌年代

回想當年開始沉浸於逛舊書攤的日子，最初對「李男」這一名字留有深刻印象的，毋寧是他早期繪製的插圖封面。

李男（一九五二—）筆下那些如藤蔓般蜿蜒不絕的流動線條，在半抽象半寫實的隨筆細節堆疊下，形成了一種充滿超現實趣味的畫面感，布局奇異，令人震撼，彷彿置身於潛意識的夢境，加上畫作角落總是伴著別樹一幟的簽名式「LEE-NAN」，每每引發觀者無盡延伸的想像。早昔包括《幼獅文藝》、《中華文藝》、《時報周

所謂美的作品，是由視覺上的節奏和層次感構成，
只要節奏安排得宜，就是一個好設計。

李志銘攝影

刊》與《北市青年》等刊物上，經常都有他的美術設計刊頭或插畫作品。

年少時的李男，渾身散放著故鄉屏東特有的泥土氣息，縱使原籍蘇州，卻從小說得一口「輪轉」的台語，已故資深作家梅新對他讚譽有加，直稱他是「從南台灣的甘蔗園冒出來的奇才」。遠從初中時代開始接觸藝術，起初因小說家李冰的賞識，網羅至《高縣青年》畫插圖，除了熱衷繪畫塗鴉，李男也寫作大量的散文、詩、小說及影評，文筆自然流暢，且於細膩中展現非凡不馴的才情。

就讀屏東高工期間，李男手中一管健筆能寫擅畫，縱橫揮灑、變化多姿。當年編校刊之餘，亦曾邀集同儕友人籌組「草田風工作室」美術設計聯誼會，那年他才十八歲（一九六九）。旋即又與德亮、黃勁連、羊子喬與王健壯等人成立「主流詩社」，出版《主流詩刊》。後來也和羅青、張香華、詹澈與邱豐松等人籌組「草根詩社」，偶爾在其同

「渾身散放著屏東特有的泥土氣息。」這是詩人渡也在書後跋文中描述對李男的第一印象。並評論他的作品：「繪畫之外，他骨子裡奔流的，無疑便是詩和散文的血液。」

——

《三輪車繼續前進》，李男著，1977，德馨室出版社，封面設計：李男

起初由於受到桑品載的鼓勵與讚揚，李男摹寫田園自然風物、借景抒情的「旅人之歌」散文小品，陸續在「人間副刊」登載，引發文壇普遍關注。

——

《旅人之歌》，李男著，1975，水芙蓉出版社，封面繪製：李男

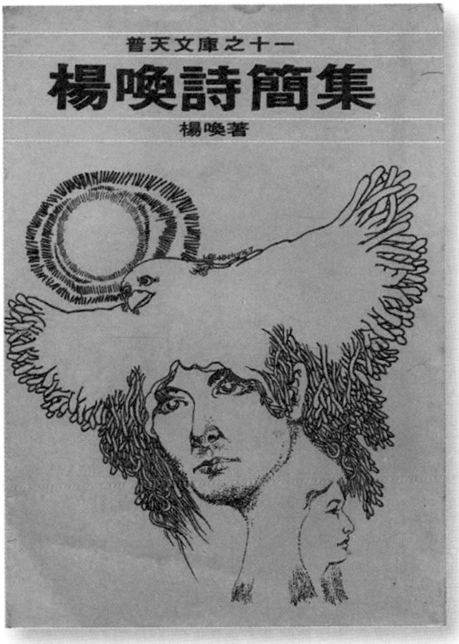

李男早年喜歡以超現實變異的手法繪製插畫，一如《楊喚詩簡集》的封面繪圖，總是帶有些許詭譎奇幻的味道，彷彿帶領讀者透過視覺進入夢的神祕世界。

——

《楊喚詩簡集》，楊喚著，1972，普天出版社，封面繪製：李男

仁刊物《草根詩刊》發表詩文創作，不時還客串幫忙相關編輯事務與版面設計。

從學校畢業後，為謀求家庭生計，李男逐漸脫離單純的「文青」生活，先是投身軍旅、進入空軍通訊專修班研修，之後開始從事廣告美術和商業設計工作，陸續任職於廣告公司、《時報周刊》美術編輯、《中國時報》美術設計、《天下雜誌》藝術指導，並曾協助《人間雜誌》與《雄獅美術》設計內頁版型與雜誌封面，隨後在台北市銅山街成立「李男工作室」。

這段期間諸多擲地有聲的經典文學作品——諸如白先勇的《現代文學》雜誌復刻典藏版、周夢蝶的新詩選集《十三朵白菊花》等書籍裝幀皆出自李男的手筆。自嘲為設計界丐幫出身、做設計無師自通的李男，初期設計風格典雅雋永，而後愈趨多元多變、隨興自由，數度獲頒行政院新聞局美術設計金鼎獎，是崛起於一九八〇年代極負盛名的台灣美術設計家。

2002年，詩人周夢蝶在晚歲八十二高齡時出版第三部詩集《十三朵白菊花》，裝幀風格一派沉穩內斂、素雅大氣。根據李男口述回憶：當年是由畫家韓舞麟提供菊花素描畫作為素材，他僅花費了短短半小時左右，便一氣呵成完成了這幅經典（書衣）封面。

《十三朵白菊花》，周夢蝶著，2002，洪範書店，封面設計：李男

1991年由現代文學社重刊發行的布面精裝《現代文學》雜誌，合訂本共21冊，內容完全復刻當年版面，一頁一頁從原版雜誌翻拍，再由製版廠師傅用紅泥在拼好版的底片上修補，留住了珍貴的時代身影。封面由李男裝幀設計，不惟展現端莊大方的氣魄，同時透著一股淡淡的古典氣息。

故鄉童年是一幅彩色的畫

總是從同樣的土地
傳來心跳的聲音，水牛
應合那脈動，一步步向前
鏽犁向前，翻開新泥下的老夢
對陰澹的天光，重重鋪陳
一冊祖先留下的大書
這頁到那頁，唯一的文字
是泥土。我們驅策著
無言的水牛，在熟讀的冊頁上
一面溫習祖先的生活
一面寫出自己的生活

——李男，〈無言詩——鄉村組曲之十七〉

本名李志剛的李男，年輕時對繪畫、美工的興致絲毫不減於對詩和散文的熱衷，頗富才情。他總是戴著一副黑框眼鏡，鏡片後炯炯有神的眼睛，以及兩道凌厲的濃眉，似乎永遠透著一股自信凜然的熱情。（李男提供）

成長於屏東地方小鎮，記憶裡熟悉的故鄉山水、人文景物不時依稀浮映，揮不去也忘不了，在緩慢的歲月流程中，始終深深薰染和陶鑄著李男的創作心靈。

自云未曾受過任何正式繪畫訓練的李男，據說五歲時即已拾起彩筆、愛上繪畫，無師自通。一開始只是隨興塗鴉，後來嘗試畫一些給小孩看的漫畫稿，偶爾也寄幾張諷刺的小篇幅插畫給雜誌報刊補補白，賺取一點零用錢來買書跟畫具。那時他還只是個初中學生。

追憶當年在屏東市區，固定有一兩家舊書攤，雖然規模都不大，卻很能讓人感受讀書的樂趣，「通常我們只是去看而已，根本就沒錢可以買書，」李男娓娓訴說這段童年往事：「有時我們看見很喜歡的內容，但沒錢買，甚至就會進去圖書館裡偷撕一張下來，就幹這種事，撕回去之後，就把它剪貼起來保存。」[1]那時候看最多的，主要有葉宏甲的《四郎真平》、牛哥的《牛伯伯打游擊》和劉興欽的《阿三哥大嬸婆》，或者是臥龍生、諸葛青雲、司馬翎、金庸等人的武俠小說。早年台灣坊間出版的武俠小說幾乎都是薄薄一小冊，學生時代的李男就這樣每天往返租書店，很快看完一本，接著又換另一本。

提及繪畫興趣的初萌，李男印象最深的，是看著當年從大陸渡海來台、雅好文藝的父親從軍中公職退役後，閒暇之餘經常拿起毛筆慢慢臨摹《芥子園畫譜》自娛的身影。

年幼的李男不自覺也在旁跟著塗抹、亂畫，「我父親去世之後，我就幫父親整理他的書，」李男回憶道：「包括他以前辦公用的《六法全書》，小小本的那種，裡面有很多空白的地方都被我畫滿了像是諸葛四郎與真平的塗鴉。」[2]

根據周作人的《魯迅的青年時代》一書所述，魯迅童年時亦極癡迷於圖畫創作，常搜求各種畫譜與小說繡像來描摹。「在他們那個年代有點興趣想要畫畫的人，通常並沒有太多機會自己去找東西來畫。」李男如此觀察：「因此他們去描畫那個繡像，或許就已經是一種滿足的方式了，我父親差不多也是那個樣子。」[3]

李男回想高中畢業前，每天步行上下學的路途中，都會經過一家戲院，門口上方懸掛著老師傅用油漆手繪的電影看板，總是深深吸引他的目光。當時連木炭素描都沒學過、猶然懵懵懂懂的他，經常兀自凝望著那些看板，一待就是半個鐘頭以上，只為了仔細觀察老師傅到底是怎樣作畫，如何構圖布局，顏色之間如何調配均衡。就這麼每每看得入了迷，流連忘返。甚至想重現那個畫面，於是趕緊買了一整罐廣告顏料，直接就在報紙上依樣畫葫蘆、信手塗鴉練了起來。

對於幾乎沒有機會接觸所謂正統藝術教育的李男來說，畫畫的意義，就只是單純地享受揮灑色彩與信手塗鴉所帶來的樂趣罷了。

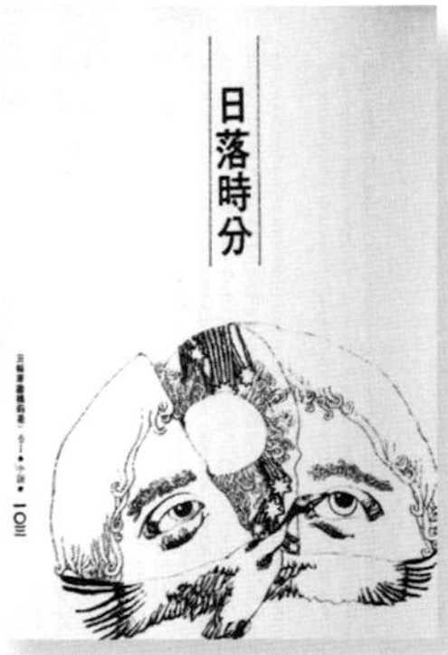

早年李男帶有超現實風格的刊頭插畫作品。收錄於短篇小說暨評論文集《三輪車繼續前進》，1977，德馨室出版社。

疾走青春，宛如草原上的一陣風

從堤防上走過。
我是李男。
太陽是太陽，風是風。
你們別想知道太陽是什麼，風是什麼，也別想知道李男。
我是很殘酷的。
實際上有多少陽光讓我踩死在堤防上，我都不知道。
我的一雙腳底血肉模糊，有一根未斷的骨頭。
並且我很快樂。
我是很殘酷的，也很溫柔。
當然，無有月亮。

——李男，一九六九，〈二又二分之一的神話〉

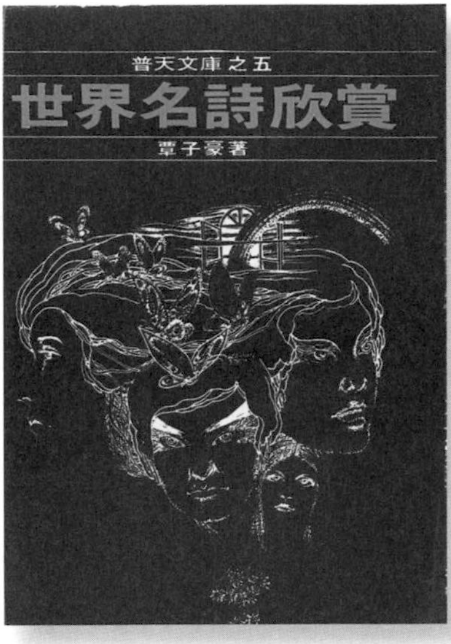

《詩的解剖》，覃子豪著，1976，普天出版社
《世界名詩欣賞》，覃子豪著，1976，普天出版社
《卡夫卡論》，周伯乃編著，1969，普天出版社
《詩的表現方法》，覃子豪著，1976，普天出版社

封面繪製：李男

回溯一九六九年二月，彼時胸中滿溢著創作情緒的李男參加了高雄縣救國團主辦的澄清湖畔文藝營，以一短篇小說〈大人、小孩、骰子〉獲得首獎，初露頭角。隨後寄了一篇散文給「人間副刊」，獲得當時的主編桑品載來信鼓勵，也開始在《幼獅文藝》、《中華文藝》等刊物發表作品。之後寫下詩作〈二又二分之一的神話〉發表於《幼獅文藝》，字裡行間猶帶有幾許天生自然的狂氣，予人一股清新感十足的解放氛圍，讓瘂弦、商禽兩位前輩詩人大感驚豔，後來還被洛夫編入《一九七〇年詩選》。其他早年詩稿，亦有部分收入張默、管管、沈臨彬與朱沉冬合編的青年詩選集《新銳的聲音》。

然而，文壇前輩毫不吝惜的注目和讚美，對李男而言，雖可謂年少成名、意氣風發，卻也無形中成了一種心理負擔。他的詩文產量一度因過分求好而銳減。之後過了一段很長時間，才又持續嘗試寫稿，最主要的原因，是為了賺取稿費補貼家用。

回憶當年寫稿最狂熱的時候，主要是從屏東高工畢業（一九七〇）後進入空軍通訊專修班就讀期間。李男經常於傍晚飯後，前往台中清泉崗機場附近的海邊散步，回到宿舍就直接坐在書桌前，把稿紙攤開來，開始埋首寫作，就這樣接連產出了一篇又一篇的文章。「我那時候寫一千字，好像差不多都有幾百塊錢，」李男點點滴滴地訴說：「我當時散文寫得比詩還多，寫詩有時候是賺不到錢的……，除了詩之外，你寫的不管是評論、或散文、小說，通常都比較有機會發表，而且早年的刊物也比較多。」[5]

有趣的是，回溯當年的寫稿過程，李男表示他幾乎沒有太多理性的思考，也並不刻意經營某種文字畫面，完全是跟著感覺走，只憑著一股直覺率性而為。「即使你現在叫我寫，我也寫不出來，」對此，李男不禁油然喟嘆：「可惜青春的日子已經回不去了。」[6]

約莫一九七〇年底，李男與羅青在雲林虎尾初識，那時羅青在當預官，李男則在同單位受訓，起初因彼此之間的距離隔閡，並不太相熟，而後逐漸熱絡起來，李男且在文學創作上受到羅青影響甚鉅。翌年七月，李男和羊子喬、林南、杜皓暉、柳曉、黃勁連、吳德亮與龔顯宗等一干文學青年在高雄創辦《主流詩刊》，強調以鄉土語言

1975年5月4日開始發行的《草根詩刊》，創刊號封面採用版畫家陳庭詩刻製贈予的「草根」二字方印。內容雖僅薄薄24頁，卻有一篇近萬字的〈草根宣言〉，展現偌大氣魄：「我們是新生的一代，是戰後的一代。但我們寧可成為鍛接的一代，去完成革命時代過渡時期的前輩所未完成的鍛接工作。」

——

1974年11月《草根詩刊》成員在羅青家中聚會。左起：羊子喬、羅青、李男、陳庭詩。（李男提供）

描寫鄉土事物。一九七五年又與羅青、詹澈、張香華與邱豐松等文學同好成立《草根詩刊》，創刊初期由羅青擔任社長、李男負責支援版面設計兼執行編務，編輯部就設在屏東市民生路安心巷的李男住家。

就這樣因陋就簡，把自家房間當作詩刊的編輯部，需要印書時，就去屏東的印刷廠，後來到了台北，就去找台北的印刷廠。「早期都是一些簡單的印刷，你去看我們以前的中文字體，都是那種打字機的字型，先用中文打字機打一打，然後剪貼，再去照相製版。」李男回憶當年那段青澀而熱情的編輯歲月：「那時候我們每個（詩社）成員一個月大概交五百到一千塊，就這樣做啊，那完全是賠錢的生意，一直到了後期，才開始慢慢有機會在報紙上發表一兩首可以賺到稿費。」[7]

除了寫些文章、賺取微薄的稿費之外，李男也不斷嘗試各式各樣的美術設計，包括雜誌刊頭、海報廣告、書籍封面等，由此結識了同樣愛好繪畫與視覺藝術的吳勝天、林文彥、簡清淵等同儕，甚至因而籌組了一個叫作「草田風工作室」的美術團體。

至於為何以「草田風」命名？顧名思義，「草原上的一陣風」是也。事實上，「真的也就像一陣風，吹過去就沒了。」李男不禁以此自嘲：「我們那個時代就是這樣，很多人對於設計都有共同的一種熱情，但那時候並不稱它為設計，而是稱作圖像⋯⋯。其

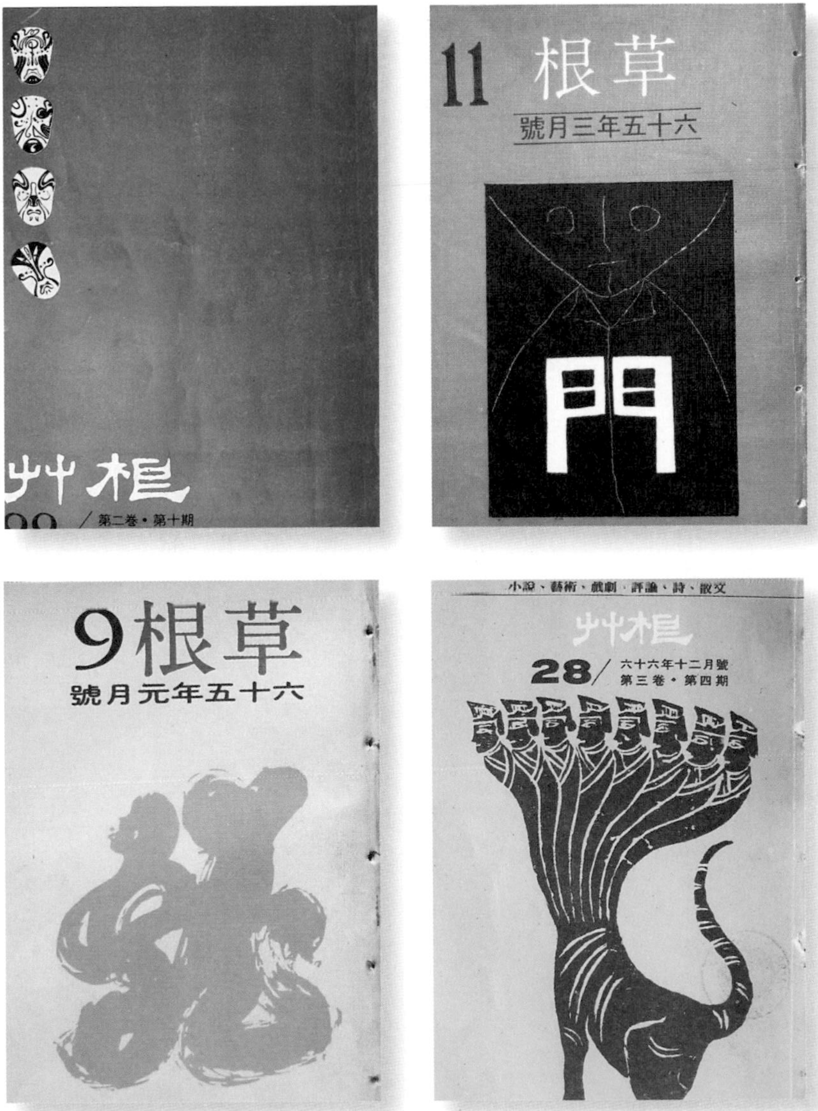

《草根詩刊》，1970年代晚期，封面設計：李男

實我們當時根本沒有舞台，也沒有表現的內容，完全只是一種很自發性的，就像有些人可能去打架、喝酒或是賭博，那我們只是沒有任何來由，就去做了那些事，那時正當年輕，很狂妄啊。」[8]

李男還提到當時在所有的高中裡，幾乎每個班級都放置一份《幼獅文藝》雜誌。李男不僅在上面發表過多篇詩文創作，更陸續從中發現廖未林、凌明聲、郭承豐與龍思良等名家繪製的書刊插畫。另外，逛舊書攤時偶爾也會找到一些過期的《LIFE》中文版雜誌，或是香港早期的《南國電影》，這些雜誌當年都刊登了不少類似普普藝術風格的視覺作品、明星彩色照片及海報設計。諸如此類，李男不斷透過大量閱讀來吸收各種知識養分，使他逐漸心嚮往之、身行而至。

走過文學副刊的黃金時代

從屏東高工畢業、念了五年軍校（空軍通訊專修班）之後，李男自覺無法適應軍中生活，乃毅然選擇退役，離開象牙塔，一腳踏入莫測無常的社會江湖。李男先是在廣告公司工作，隨後因緣際會，因當時主掌《中國時報》「人間副刊」的高信疆正在籌備草創《時報周刊》，亟需招納人才，於是便來電邀請李男協助，一同投入創刊事業。

一九七八年三月五日，《時報周刊》正式創刊發行，成為台灣首創的大八開綜合性雜誌。李男即擔任美術編輯。當年正是台灣報紙副刊最蓬勃的時代，一幅插畫稿費約新台幣兩百元（當時一般基層公務員的月薪大約是四千元左右），可謂收入匪淺。

之後，隨著高信疆卸任「人間副刊」主編（一九八三），李男一方面持續在報社工作（傍晚上班），另一方面則開始利用白天時間幫朋友兼差做些美術設計，諸如早期的《雄獅美術》雜誌、陳映真創辦的《人間雜誌》等，乃至後來受殷允芃之邀、擔任《天下雜誌》藝術指導。「當時除了睡覺之外，其他時間幾乎都在工作。」[9]李男表示，即使是待在家裡，仍是有許多人上門委託工作，忙都忙不完。因此，在考量難以兼顧報社工作、也希望有更多時間陪伴家人的情況下，他便向《中國

1980年代與藝文界友人聚會，右一坐者為攝影家莊靈，右二為美術設計家凌明聲，後方站立者為李男。（李男提供）

時報》發行人余紀忠先生請辭，依依不捨地離開十多年來晨昏顛倒的報社上班生涯，成了一名自由工作者，專職投身設計領域，長期工作不懈，直到退休為止。

儘管一路走來幾度跌跌撞撞，卻還是幸運遇見很多貴人。對此，李男總要感謝昔日老長官——「人間副刊」主編高信疆的提攜之情，以及當年《中國時報》所提供足以自由揮灑的大環境。

那時候台灣開始有書商從歐美或日本進口設計類的書刊雜誌，譬如由杉浦康平擔綱設計編排、在市場上很搶手的《銀花》季刊，在台每本售價一兩千塊以上（以台灣一九八〇、九〇年代的物價水準而言堪稱高價位），內容主要介紹日本及東亞各國的工藝、美術和文化傳統，李男幾乎每期都會訂閱。「那時候一個月大概花一萬塊買書，是很正常的。」李男表示：「我當年還在時報的時候，因為平常既不抽菸、也不喝酒，就把這些省下的錢都拿來買書了。」[10]

這段期間大抵受到杉浦康平熱衷追索古代中國文化的美學觀念影響，李男亦有不少書籍設計作品運用中國傳統的古典風格語彙。除此之外，他不僅經常利用工作空檔進入報社館藏資料室，埋首翻閱、鑽研許多來自歐美各國的精彩外文書刊版面設計，甚至還透過報社所舉辦的普立茲講座等難得機會，和來台參訪的國際級藝術巨匠或攝影大師進行交流。長此以往，李男汲取了豐厚的文化滋養，獲益匪淺。

之後，伴隨台灣報業的快速發展，與海外媒體公司之間商業往來密切、文化交流互動頻繁，李男亦曾有多次機會前往美國《時代週刊》、日本《產經新聞》和集英社等單位參訪。過程中，他看見國外企業如何提供相對完善的工作環境，以及如何制定有效率的設計生產體制和作業流程，讓各個優秀的設計師在規劃明確的大方向下，融入自身的美感經驗，盡情發揮，進而展現出甚具激勵性的團隊合作模式，最終達到一加一大於二的群聚效應，委實令他印象深刻。

談到設計的本質，李男認為，設計基本上最重要的是節奏。像是顏色本身也有節奏：同樣是藍色、黃色或黑色，節奏比例不同，效果就不盡相同。

1980年代中期台灣解除戒嚴、本土化浪潮襲來，直到1990年代蔚成風潮，勢不可擋。在此之前，李男的書籍裝幀作品常見運用富中國傳統韻味的色彩組合，以及象徵古代中國風格的圖案與語彙。

——

【徐復觀雜文集】（共4冊），1980，時報出版，封面設計：李男

「像我早期剛出道時，使用的顏色對比會比較強烈，那時候不太明白、也不太能夠控制這些色彩的節奏。」李男指出：「但是等到晚期以後，我的色彩節奏就慢慢比較固定了。」[11]因此，所謂美的作品，是由一種視覺上的節奏和層次感所構成，只要節奏安排得宜，它就是一個好設計。

閱讀「人間」風景

一九八〇年代，台灣曾經有過這麼一份令人驚豔的雜誌。多年後，它依舊是至今仍難以超越的經典。

回首一九八五年十一月，正值解嚴前夕的台灣，在政治、經濟、文化等方面皆出現了空前劇變。那是因經濟快速發展、房地產狂飆而被稱作「台灣錢淹腳目」的年代，在經歷美麗島高雄事件衝擊、騷動不安的社會氛圍下，陳映真以關注社會邊緣弱勢族群、環境生態保育和人權議題為主軸，宛如平地驚雷般創辦了一本洋溢著浪漫理想主義與人道關懷色彩，同時勇於挑戰權威的《人間》雜誌。

據聞最早觸發草創《人間》的思想火苗，是緣起於一九八三年，陳映真受邀遠赴愛荷華大學國際作家工作坊，參訪期間初次接觸報導攝影家尤金·史密斯（W.Eugene Smith, 1918-1978）的作品，讓他深感震撼，發現透過照片竟然可以達到強烈批判社會的閱讀效果。回台後又看到國內發行的生態雜誌《生活與環境》，由於缺乏圖片而減少了讓讀者感動的力量。種種因素，促使他興起了以結合紀實攝影與報導文學為基調，「想辦一份像《國家地理雜誌》那樣的刊物」[12]的構想。

恰逢其時，那年仍在報社任職、並利用餘暇兼差協助《天下雜誌》、新

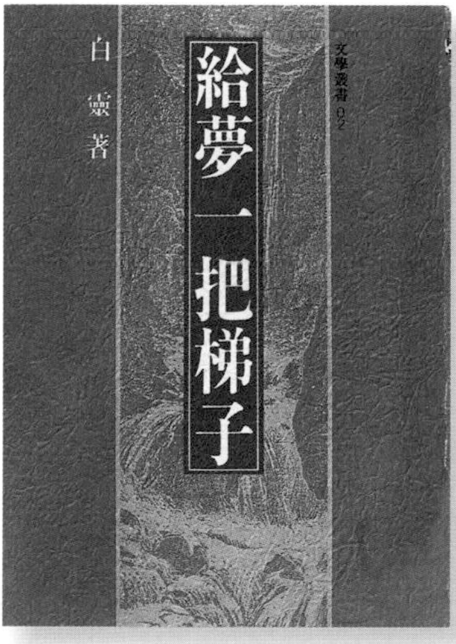

《給夢一把梯子》，白靈著，1989，五四書店
《蘇青散文》，喻麗清編，1989，五四書店

封面設計：李男

聞局等單位執行平面設計案的李男，透過高信疆的居中引介，接到了來自陳映真請求擔綱《人間》雜誌美術設計的邀約電話。「一開始《人間》雜誌原本是要做彩色封面，」李男說道：「然而當我把打樣看完以後，卻很受震撼，因為裡面那些黑白照片非常有力量，於是我就跟他（陳映真）建議乾脆就連封面也做黑白的，最後他終於接受了。」

當時關曉榮在基隆和平島附近「八尺門」村落拍攝當地阿美族島內移工生活的黑白紀實照片，因此成了《人間》創刊號的封面。果不其然，這份具有強烈的影像魅力、全書採取高質量紙張印刷的雜誌甫問世不久，旋即引發許多讀者熱烈迴響。從此之後，每當李男完成了內文排版，即從中挑選一張他認為最適合的照片作為封面，從一九八五年十一月創刊起始，到一九八九年九月停刊為止，共四十七期的雜誌設計咸出自李男之手。

彼時由於受到陳映真個人精神信念與人格的感召，吸引了一群來自四面八方、滿懷理想和熱情的年輕文化工作者，相繼投入《人間》雜誌，協助編務以及各種採訪報導工作。他們每每不惜上山下海，走遍台灣社會各個角落——包括像是探訪湯英伸故鄉的鄒族部落、收容精神病患的龍發堂現場、台北橋下的人力市場等，揭露出許多不為人知的真相。為了與受訪者深入交流，他們遠離城市，抵達荒僻山村，常弄得滿身髒污、乃至

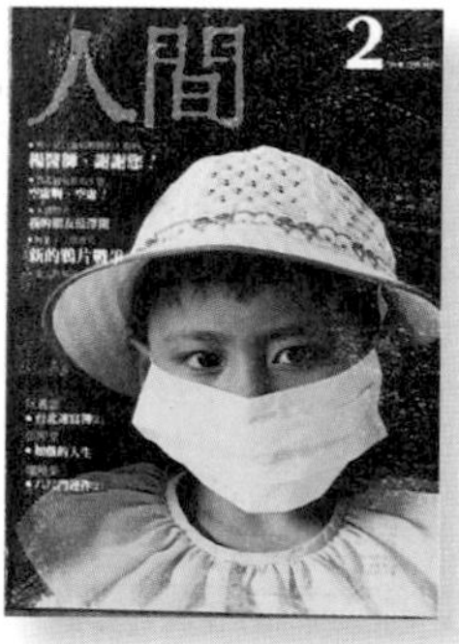

籌辦《人間》雜誌期間，陳映真帶領一批年輕的寫作者、藝術家投入社會改革，形成1980年代的新力量，影響了一整個世代的知識青年。

隨處席地而睡，一如陳映真總是念念不忘叮囑著：「要非常尊重受訪者，我們必須被人民教育。」[14]「要蹲下來和人民在一起。」[15]而其結果，即是帶回來一個個社會底層庶民人物的辛酸故事，一篇篇主流媒體與當權者咸視而不見、在工業社會快速發展下受到壓迫傷害的人民與土地污染的實況報導。

所有這些教人動容的記錄文字，配上一幅幅強悍而美麗的黑白影像，既是《人間》對島內貧困弱勢者最真摯的關懷，也是《人間》對台灣社會最深沉的控訴。

從一九八五到一九八九年，在苦撐了四十七期的短短四年間，《人間》雜誌藉由報導、攝影、採訪的磨練，網羅了台灣最好的一批紀實攝影家、報導文學作家以及新聞工作者，包括：王信、關曉榮、阮義忠、廖嘉展、顏新珠、藍博洲、李文吉、蔡明德、鍾俊陞、張詠捷、鍾喬與賴春標等，乃至其後參與攝影採訪或編輯的郭力昕、林柏樑、蕭嘉慶，也都各有貢獻。儘管後來面臨停刊命運，這批當年深受薰陶的文化人仍各自堅持著「用腳說故事」的《人間》風格，不僅就此埋下了關懷鄉土的種子，直到今日仍為許多讀者帶來深遠的影響和震撼。

然而令人扼腕的是，這份向西方報導攝影取經、批判當代台灣社會不公的《人間》雜誌，往往不為執政者所容納，再加上發行人陳映真先前一度因「組織聚讀馬列共黨主

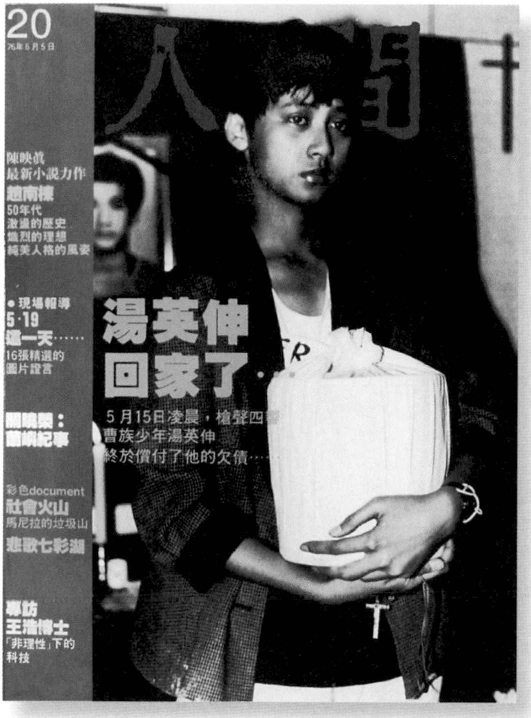

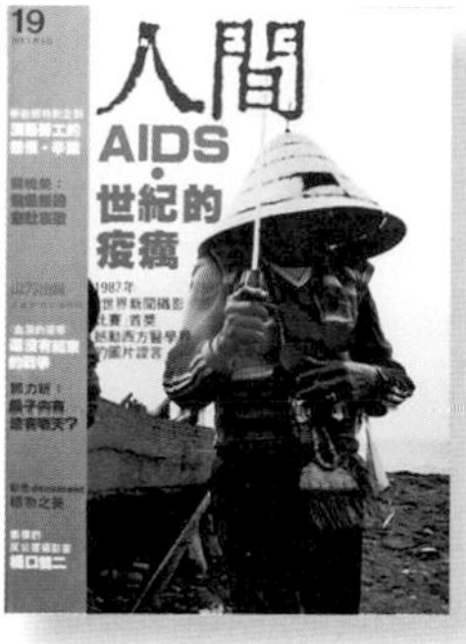

早年《人間》雜誌所做的報導專題（例如有關「二二八事件」），曾多次讓陳映真被情治單位找去「喝咖啡」。根據藍博洲回憶：「當時政府雖不敢公然查禁《人間》，卻大量收購當期雜誌、減少其面世機會。」

義、魯迅等左翼書冊及為共產黨宣傳」等罪名入獄後獲釋[16]，當時在政府單位以及軍中，凡是閱讀這份雜誌或與之有任何關係者，幾乎都會被視為「思想有問題」。主編《草根詩刊》期間，亦曾因發表文章而被調查局約談「喝咖啡」的李男，基於種種顧忌和考量，遂決定在《人間》雜誌編務人員名單上不掛上自己的名字，而是從其他幾位編輯攝影工作者的名字當中各取一字，化名為「蔡雅松」，擔綱該雜誌的美術構成。

戒嚴時期，不僅僅有「出版法」箝制著台灣人民的言論，甚至就連兩人以上參加讀書會，都有可能遭到密告、成為國民政府眼中的叛亂犯。

彼時國民政府打著反共運動與國家安全的大旗，在官方禁令下，許多書籍被列為「違禁品」。與此同時，負責查禁的人員對於現代詩、現代繪畫也經常懷抱某種莫名其妙的聯想，或是不自覺地迫使創作者進行自我檢查。比如在政治戒嚴之下，紅色，無疑是一個非常敏感、需要避諱的顏色，不能隨便使用，尤其不能任意畫讓人聯想到中國共產黨的紅色星星，「所以早期我們畫星星都是畫六角形，」李男回憶起昔日的境況：「像凌明聲他畫星星也都是畫六角，要不然就是畫八角，沒人敢畫五角，你去看以前凌明聲的那些裝飾畫就知道……，諸如此類的一些細節，大家都會想辦法去避諱。」[17]

類似的禁忌情節，於今日民主社會看來竟是何等荒謬，然而，對於身陷其境的當事人

解嚴後的翌年，陳映真「人間出版社」發行【陳映真作品集】，共有精裝與平裝兩種版本，封面裝幀由李男設計，構圖只單純排比書名文字，搭配古雅沉著的篆刻「陳映真作品集」幾字，以及簡潔的背景色調，不惟充滿時代的力量感，也讓讀者對這些走過高壓年代而依然不朽的書名萌生一股崇高的敬意。

——

【陳映真作品集】（共15冊），1988，人間出版社，設計：李男

來說，內心其實是很惶恐的。當年一度因文字思想檢查而遭調查局約談的李男，後來也為此刻意停止了文學創作，促使他往後整個人生的思考與走向，皆產生了巨大變化。

當代設計的美學根基，源自厚實的文化涵養

李男年少時期以詩文成名，餘力做插畫設計，成家以後為謀生計故，轉而投身美術設計。時光飛逝，一轉眼就這樣過了三十年，驀然回首來時路，歷經大時代各種風風雨雨的李男，卻每每不改幽默性格，自嘲是「一個很沒有歷史感的人」。他依稀想起童年時喜歡凝望著那些老師傅畫電影看板，起初興致盎然，邊看邊偷學，但是等到他逐漸掌握某些技法竅門之後，就開始覺得索然寡味，因興頭已過而不想畫了。

「人生終究只是一場遊戲。」[18]李男感嘆說道。

同樣地，「設計」這件工作，對李男而言也是如此。他各個不同階段的設計作品樣貌，幾乎都隨著他個人興趣的移轉而改變。相較於崇尚個人英雄主義的設計師作風，李男認為設計應該更重視的是彼此溝通與團隊合作，盡可能滿足每個業主的需求及喜好。

他不認為設計工作者非得要執著放大自我、表現強烈的個人風格更甚於作品本身的內容。

從事專職平面設計工作多年，李男已將人生中最精彩的歲月奉獻於此，截至退休之後，才又再度被文字特有的魅力吸引，想要好好沉浸於閱讀文字的樂趣中。他尤其蒐讀了不少一九三〇年代沈從文、周作人等人的文學作品。「我覺得有特色的文字，其實就跟有特色的畫作和設計一樣。」李男指出：「你看他們的遣詞用字，就像小時候我喜歡觀察老畫師繪製電影看板一樣，除了閱讀理解內容之外，還會看到他如何用筆、用墨，以及如何配色的整個斧鑿過程。」[19]

當前，在西式設計教育和日系設計美學的影響下，李男認為雖然的確培養了不少深具潛力的設計人才，但他覺得可惜的是，包括日本的杉浦康平、橫尾忠則、永井一正等設計大師，在他們的視覺語彙當中，普遍都有很強烈的傳統東洋文化色彩；相較之下，台灣新一代設計師的作品，與傳統文化面貌的連結似乎相對薄弱。而在講求精煉的設計美學背後，亦需要深厚的人文底蘊做支撐。對此，李男建議：身為設計師要多觀察身邊的事物，並且透過讀書來開拓眼界、充實自我涵養，盡可能在忙碌的現代生活中養成固定的閱讀習慣。

面對台灣未來的設計教育，李男雖有著深重的憂慮，卻也有份殷切的期許。可能的話，除了加強基礎教育和人文學養之外，李男盼能建立起更多團隊合作的模式，透過實際的委託設計案，讓學生「從做中學」，「帶著一組人，去做完一個案子，從零開始」。李男指出，唯有藉由團隊工作的實戰過程，才能將你從小到大所累積的個人技藝，進行整合及反思。

歷經一九七〇年代沸沸揚揚的鄉土文學風潮，陸續參與並見證了《主流詩刊》、《草根詩刊》的創生和結束；走過一九八〇年代台灣報業與副刊文化曾經燦爛的黃金時代；與陳映真攜手編製《人間》雜誌而成為台灣報導文學的里程碑，綜觀李男早期那些教人難以忘懷的書刊插畫、版面設計，不只喚醒了許多資深讀者的年少記憶，更可藉以窺見那個風起雲湧時代下，設計與文化工作者專致戮力的創作精神。

《人在紐約》，張北海著，1988，合志文化
《從江戶到東京》，李永熾著，1988，合志文化

封面設計：李男

對李男而言，從事美術設計既是一份養家的工作，同時也是人生的樂趣。他常把自己過去三、四十年來的生涯際遇比作一場漫長的旅行，儘管旅途中不乏「人生何杞憂，生涯何其難」的感慨，但他卻將這些深沉陰翳的記憶藏在心底，而讓自己對美學的念想和浪漫，留存在設計作品與文字圖像裡。

註釋

1 李男訪談，二〇一五．四．十四，於台北市新生南路老樹咖啡。

2 李男訪談，二〇一五．四．十四，於台北市新生南路老樹咖啡。

3 李男訪談，二〇一五．四．十四，於台北市新生南路老樹咖啡。

4 李男公開發表的第一首詩作，刊載於一九六九年十月《幼獅文藝》第三一卷第四期，頁一六三—一六五。

5 李男訪談，二〇一五．四．十四，於台北市新生南路老樹咖啡。

6 李男訪談，二〇一五．四．十四，於台北市新生南路老樹咖啡。

7 李男訪談，二〇一五．四．十四，於台北市新生南路老樹咖啡。

8 李男訪談，二〇一五．四．十四，於台北市新生南路老樹咖啡。

9 李男訪談，二〇一五．四．十四，於台北市新生南路老樹咖啡。

10 李男訪談，二〇一五．四．十四，於台北市新生南路老樹咖啡。

11 李男訪談，二〇一五．四．十四，於台北市新生南路老樹咖啡。

12 李男訪談，二〇一五．四．十四，於台北市新生南路老樹咖啡。

13 李男訪談，二〇一五．四．十四，於台北市新生南路老樹咖啡。

14 曾淑美，二〇〇九．九，〈陳映真先生，以及他給我的第一件差事〉，《文訊》第二八七期，頁八二—八五。

15 林欣誼，二〇〇九．九．十三，〈巨大的陳映真——永遠的人間風格〉，《中國時報》開卷版。

16 一九六八年七月，發生了所謂的「民主台灣同盟案」，其中以「組織聚讀馬列共黨主義、魯迅等左翼書冊及為共產黨宣傳」為罪名，陳映真與吳耀忠等三十六人遭到警總保安總處逮捕。由於陳映真時任《文學季刊》編輯委員，黃春明、尉天驄等人也受到牽連，又稱為「文季事件」。陳映真遭判處十年有期徒刑，移送台東泰源監獄與綠島山莊。一九七五年，適逢蔣介石逝世百日特赦，陳映真提前三年出獄。

17 李男訪談，二〇一五．四．十四，於台北市新生南路老樹咖啡。

18 李男訪談，二〇一五．四．十四，於台北市新生南路老樹咖啡。

19 李男訪談，二〇一五．四．十四，於台北市新生南路老樹咖啡。

李男　年譜

一九五二　出生於屏東，祖籍蘇州，本名李志剛。

一九五七　五歲，喪母。

一九六九　參加高雄縣救國團主辦的澄清湖畔文藝營、以短篇小說〈大人、小孩、骰子〉獲得首獎。同時開始嘗試寫作現代詩，第一首詩作〈二又二分之一的神話〉發表於《幼獅文藝》，引起詩壇注目。同年與林文彥等五人籌組「草田風工作室」美術設計聯誼會，並開始在《幼獅文藝》擔任設計插圖工作。

一九七〇　屏東高工電子科畢業，旋即進入軍校，就讀空軍通訊專修班。年底在雲林虎尾結識作家羅青，初期文學創作受到其影響甚鉅。

一九七一　與德亮、黃勁連、羊子喬與王健壯等人成立「主流詩社」，出版《主流詩刊》。

一九七五　空軍通訊專修班畢業，出版散文集《旅人之歌》。同年與羅青、張香華、詹澈、邱豐松等人籌組「草根詩社」，並發行同人刊物《草根詩刊》，由羅青擔任社長、李男負責編印及發行，編輯部就設在屏東市民生路李男住家。年底，接受《中華文藝》主編張默邀請畫插圖。

退休後李男沉浸在閱讀的樂趣中。（李志銘攝影）

一九七七　出版短篇小說暨評論文集《三輪車繼續前進》。同年與德亮合著詩集《劍的握手》。
一九七八　隨高信疆創辦《時報周刊》並擔任美術編輯。同年出版詩集《紀念母親》。
一九八三　高信疆卸任《中國時報》「人間副刊」主編，遂使李男也減少了發揮專才的空間。
一九八五　《人間》雜誌創刊，受陳映真邀請並化名「蔡雅松」負責內頁版型與封面設計。同年《雄獅美術》雜誌改版，由霍榮齡設計封面、李男專責內頁美術編輯。
一九八六　擔任《天下雜誌》藝術指導。
一九八八　台灣正式解除報禁，從《時報周刊》轉調《中國時報》，協助改版，增設彩色版設計。
一九九三　於台北市銅山街成立「李男工作室」。
二〇〇二　以周夢蝶詩集《十三朵白菊花》封面設計獲頒金鼎獎「最佳美術設計獎」。
二〇〇四　參與香港文化博物館舉辦「翻開——當代中國書籍設計展」。
二〇一五　參與台北文學季特展講座「獨具匠心——手工時代的文學書裝幀設計」。

李男 著
旅人之歌
水芙蓉書庫 56
水芙蓉出版社印行

世界名詩欣賞
普天文庫之九
卡夫卡論
周伯乃編著

呂秀蘭

Xiu-Lan Lu

平生願為造書匠
「民間美術」的手作情懷

喜愛手工紙信箋、版畫年曆、線裝筆記書、手繡棉布筆袋的讀者，或許仍記得，在一九九〇年代曾有一個以「做書的團體」（Make a Handmade Book）自許的「民間美術」，在台灣藝文界掀起了一股鄉土懷古風潮。

時光燦爛、年華似水。

且循光陰的長廊溯回一九八八年，那一年台灣島內充滿了躁動、激情、渴求自由的氛圍，人們翹盼改革、反抗禁忌，包括解除報禁、蔣經國去世、股市飆漲，以及解嚴後首次爆發的

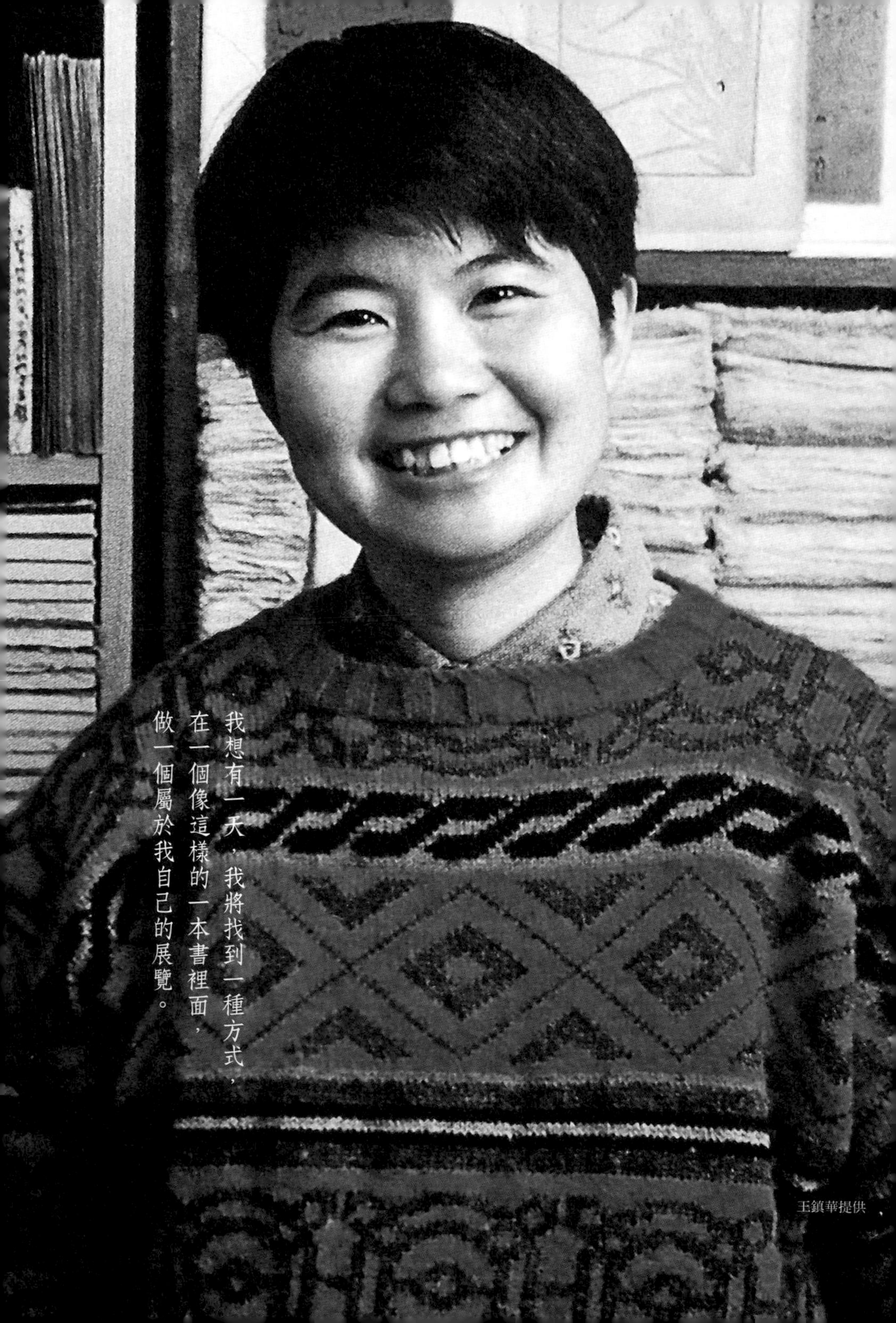
我想有一天，我將找到一種方式，
在一個像這樣的一本書裡面，
做一個屬於我自己的展覽。
王鎮華提供

五二〇大規模農民運動等，整個社會彷彿亟欲跨入一個追尋理想浪漫的新時代。彼時接受新地文學基金會委託製作海報，而在台北平面設計圈嶄露頭角、年方二十七的呂秀蘭（一九六一—），憑一己之力草創「民間美術」工作室的來龍去脈，便往來穿插在這些歷史事件間，彼此交織、輝映。

一九九〇年代中期在誠品書店，常見民間美術所推出的紙製作品，琳瑯滿目，頗受好評，總是賣到缺貨，可謂叫好又叫座。舉凡各種印刷紙製品——包括以傳統版畫與水墨作插圖、採用長春棉紙廠純棉海月紙印製的年曆日誌；結合復古裝幀與黑陶工藝的經摺本[1]筆記；以及遵循古法以植物染料製作的布染系列商品，如書衣、書包、筆袋、名片夾、經摺書袋、背心、桌布，以及各種素色或紮有花色的布料等，由內而外皆樸素古拙的手工質感，凝聚著秀雅渾成的氣質，彷彿透露出一股魔力，迅即風靡當時，一整個世代的文青競相收藏。

生長於純樸農家、出身國立藝專美術印刷科的呂秀蘭，喜歡在印章上刻畫、刻句，寫詩、隨筆和小說，並且將一枚枚拓紙串冊成書，在大量留白的冊頁裡伸展一頁又一頁的素描與記憶，同時也熱衷於鄉土傳統版畫與現代美術設計的交融混搭，無有窒礙。她陸續替大雁書店、新地出版社、派色文化等出版公司製作了許多文學書籍封面，色調明朗

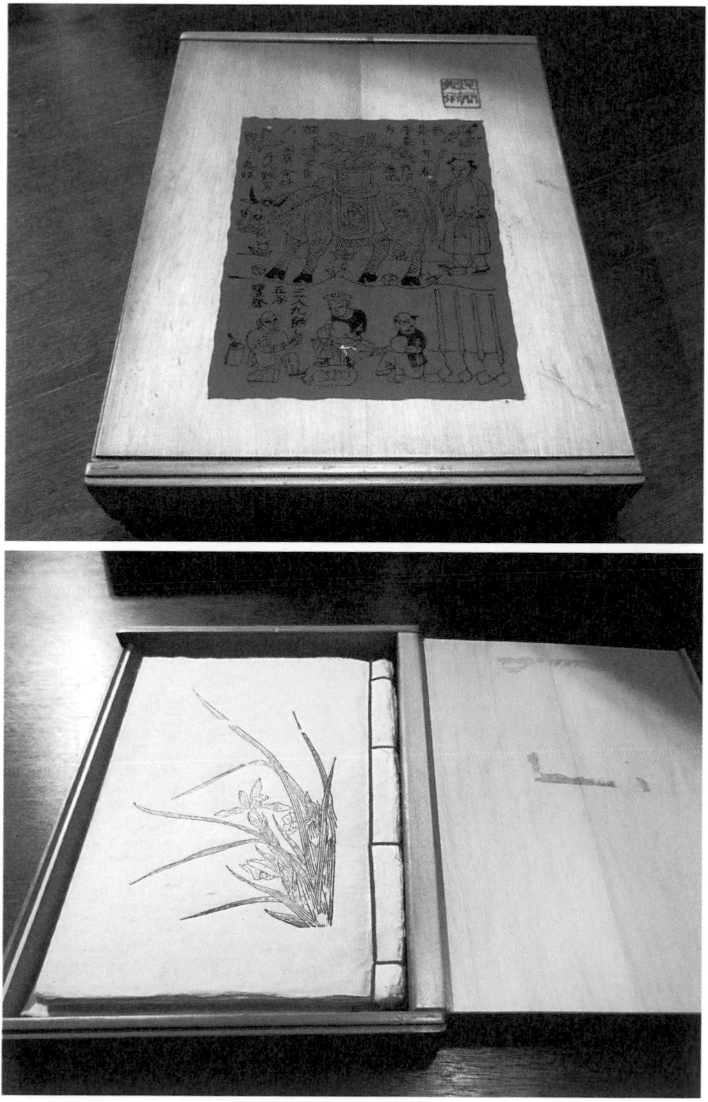

木盒精裝棉紙筆記，民間美術（原件提供：林永欽）

而帶有樸拙古意的視覺風格，每每讓人耳目一新。

回顧一九九〇年代初，身兼詩文圖畫創作者與出版人的呂秀蘭，總是勇於開拓創新、銳意進取，因嚮往古代造紙技藝而隻身探訪中國大陸雲南邊境金沙江岸一偏僻小村落，用近似認養的方式請當地村民在農閒時投入造紙工作，參照傳統方法，一手打造民間美術生產手工造紙的上游衛星工廠，品牌形象和市場口碑迅即遠播海內外，就連向來在出版印刷領域自豪的日本人也大為讚賞。

從手工筆記本製作、插圖設計、書籍裝幀乃至復育造紙傳統，昔日好友暱稱「阿蘭」的呂秀蘭和民間美術，曾在文化界大放異彩、名噪一時，足以稱是開拓台灣本土文創事業的先驅者。

鋤耘筆耕是生涯：農家子女的文化大夢

早自學生時代起，呂秀蘭便與「造紙」這件事結下了不解之緣。念高中時學美術，而後進入藝專就讀美術印刷科，同時又對攝影情有獨鍾（後來還曾陸續收藏了數十台古董

日出黑陶經摺筆記，民間美術（原件提供：林永欽）

相機）。她天生挾有某種懷舊癖好，平日喜歡「下鄉」蒐集各類文化古物（如老照片、舊工藝品），並翻攝印製成海報。

及至藝專畢業，呂秀蘭進入雄獅美術公司工作，當時她眼見日商在台灣訂製的一批手工紙因為庫存賣不掉，而被拿來作為包裝商品的外皮紙，觸發了她日後尋找傳統手工造紙的契機。隨後，呂秀蘭決定前往日本旅行，只為了訪查當地流傳的古老造紙術。她曾搭上只有一節的小火車，甚至到過只住了一位居民的小村。在日本，呂秀蘭打開了傳統造紙工藝的視野，但她並不以此為滿足。

熱愛旅行的呂秀蘭，二十四歲時獨自到倫敦待了三個月，期間幾乎每天都去大英博物館「報到」，浸淫在館內所收藏的敦煌文物展覽當中。有一天，她在展出的石雕作品旁發現一幅民間畫家手繪的「南無觀世音菩薩」，圖畫邊緣有一行題字：「清傳佛弟子縫鞋靴匠索章三一心供養」，字跡樸拙、渾若天成，讓呂秀蘭感悟到千百年前這位民間工匠透過一張紙所傳達的純摯心意，並深深動容。從此她便化名為「索章三」，期勉自己要一輩子做個「一心一意」默默耕耘的造書匠人。

當年作家簡媜形容她：「背個黑色大書包，齊耳的頭髮，框著很深的近視眼鏡，皺皺的襯衫配泛舊的牛仔褲……，身上散發著極為濃郁的鄉土氣味，完全嗅不到城市的習

翻覽早年民間美術所發行一系列筆記書、年曆札記，編排內容以梁坤明的台灣民俗版畫與素人繪畫等鄉土元素為主題，且納入民間二十四節氣為時間量度，圖文相映，可謂詳細記錄了台灣1950、60年代城鄉社會的風土民情。

《黃昏的故鄉》、《思想起》年曆筆記本，1990，民間美術

氣。」[2]自云是種田人家的孩子，童年記憶裡除了經常幫父母務農工作之外，印象最深的便是在黃昏時分天色曖曖之際，在曬穀場上玩一些追打的遊戲，父親這時候就會坐在他的藤椅上，聽著老唱機放送那一首又一首緩慢而低重的日本軍歌。

農家背景使然，呂秀蘭嚮往「守拙歸田園」，以布衣清貧為樂，殷切企盼著在深厚的民間土壤裡發掘、澆灌理想的活水源頭，遂於一九八八年，她年方二十七歲時，獨力創立了民間美術。

創業初期，民間美術受限於硬體條件，一開始採取與紙廠合作的模式，由呂秀蘭提供概念，再委由長春棉紙廠製作。早年民間美術只一、兩人，呂秀蘭為了讓作品有更完美的呈現，開始深入研究紙張印刷、植物染色、手工裝幀等細節，經常與工作人員一整天都「泡」在工作室或印刷廠，直到做出令她滿意的成品，方才罷休。

展卷翻覽民間美術書物，常有似曾相識、如見故人之感。綜觀呂秀蘭化名「索章三」撰述出版的年曆筆記，內容大都具有相當濃厚的半自傳色彩，無論書頁間的心情隨筆或插畫塗鴉，字字句句總是勇於揭露自身最赤裸、也最真實的內心世界。

在形式上，民間美術作品大多採取筆記書、年曆札記的概念，開本有方有長、尺寸多樣，封面材料則以土紙土布為主，或用麻線手工裝訂，或用一般穿線膠裝，甚至亦有不

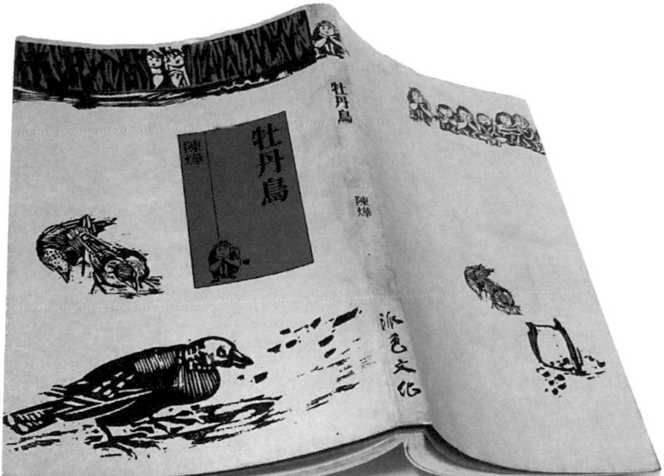

《棋王 樹王 孩子王》，阿城著，1986，新地出版社，封面設計：呂秀蘭
《牡丹鳥》，陳燁著，1989，派色文化，封面設計：呂秀蘭

施刀削的毛邊裝幀成冊。呂秀蘭特別強調回歸鄉土、崇尚自然和手工製作（如版權頁皆採用呂秀蘭手寫字印刷），拒斥被現代工業化體制抹除了個別差異的商品思維（民間美術不僅限定每本書的發行量，甚至堅持所有出版品都不申請ISBN國際書號），特別強調傳統工匠精神、回歸自然，藉此呼喚知識分子走出象牙塔、步入民間，求得人與環境的共生，以及彰顯在地文化的主體性。

一九九六年，民間美術公司從台北東區（民生東路巷子內）搬遷到淡水（新民街一帶），呂秀蘭在山上租了一幢古宅當工作室，裡頭大大小小的修繕工程乃至於家具，都由員工親自動手做。呂秀蘭認為，一個人處理日常生活的能力乃是一切工作的基礎，因此她會要求每位新進員工從上菜市場買菜做起，每天和同事一起踏實、簡樸地過日子。「工作室的人，就好比一個人種一塊田，工作狀況好不好，不需要檢查，只要看菜種得好不好，就知道了。」[3]呂秀蘭如是說道。

短短數年間，隨著民間美術各式手工筆記書在市場上大受歡迎，受到愈來愈多「識貨者」青睞（據說銷售最鼎盛時，忙到連貨都補不及），銷售據點很快從台灣島內拓展到香港，甚至一度外銷到日本、法國與美國等海外市場。然而，儘管民間美術的發展事業蒸蒸日上，但身為一家公司經營者的呂秀蘭卻從不把民間美術的產品當成一般商品來看

「走路的時候，朋友問我，妳都是一直看著地上走路的。我告訴她說：只要看到腳走路的樣子，就可以知道那個人的樣子。而且在都市裡，看人的臉，心裡負擔其實很重。都市的紅綠燈，我常常只是把它拿來參考一下而已。但是對於一種聲音，我一定會停下腳步的，那就是上下學的學童，在糾察隊的指揮哨聲下前進。」——節錄自《索章三的書》

《索章三的書》，索章三著，1990，民間美術

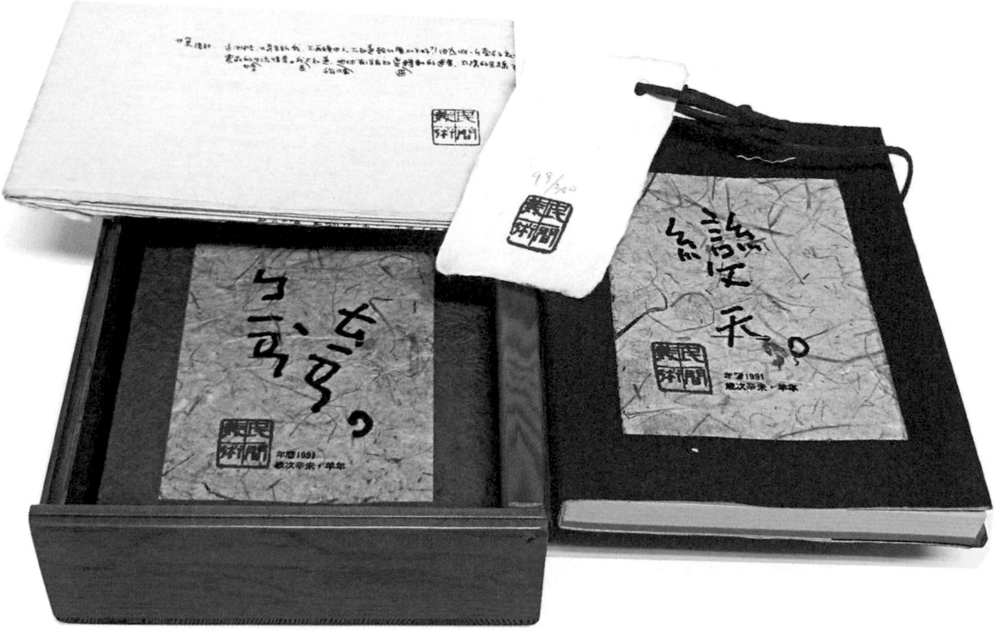

結合古老農民曆與現代美術的年曆筆記書。《變天》，1991，民間美術（原件提供：林永欽）

「愛一個人。就不要用寫的。因為。一輩子。FOR EVER 我寫了一下。沒多久就寫完了。」《在愛情的屋簷下打零工》是一本關於愛情的手札，全書沒有頁碼、目錄、印刷字體，作者呂秀蘭化身為古代民間工匠「索章三」，以如詩的筆調，隨意塗鴉的手寫字與線條，速寫生活所見所聞，抒發內心所思所想，宛如一本記錄生命片段的剪貼簿，一筆一劃皆饒富興味，真實而不造作。

版權頁則一如民間美術其他出版品，皆採手寫字印刷，且不申請ISBN國際書號。

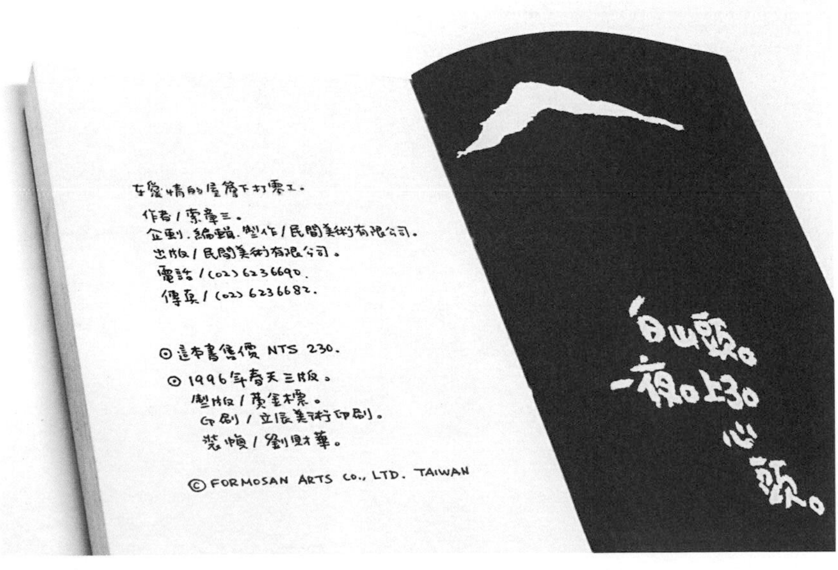

《在愛情的屋簷下打零工》，索章三著，1994，民間美術

《結婚式》年曆筆記書蒐集、記錄了四個台灣本土家族的影像敘事，透過將早年結婚典禮的老照片加以剪裁、重新拼貼，象徵你我從個體生命乃至族群歷史的繁衍與再生，不禁讓人勾起離家以後的濃濃鄉愁。

寫給媽媽的字：「此時此刻，一個接近下午的黃昏。我和母親在番薯葉裡交談。於是我看到了綠色的聲音，下雨了，現在我正坐在台北頂樓的院子。在冬初的夜晚。我看見了照片裡母親和她的陽光。」對呂秀蘭而言，在故鄉淡水老家務農的母親，一直是她內心深處無可取代、最重要的創作情感根源。

《結婚式》年曆筆記書，1994，民間美術

結婚式
FORMOSAN ARTS
1 9 9 4
歲次甲戌·狗年

待，更把每一位員工視同自己的親人朋友。

「民間美術賺什麼？如果能真正培養出一個優秀的文化人才，才算民間美術賺到了。」[4]誠如所言，這就是呂秀蘭自認肩負著一份文化使命感的用人之道與經營哲學。

此外，生性浪漫灑脫的她，還曾辦過報紙形式的藝文雜誌。一九八九年她號召一群文化界朋友，共同出版發行了一份以農民曆二十四節氣為出刊日期的《文化慢報》。

回想當初《文化慢報》創刊發表時，民間美術還特地舉辦了記者會。彼時曾參與該報撰述及編務的王鎮華追憶道：「記得阿蘭那時候請了五、六位主編來跟記者見面，其中包括林谷芳，他是負責主編那一期的音樂文化版，就叫我寫李雙澤，這是我第一次寫別人的小傳，居然因此留下了很重要的一篇資料。」「阿蘭還特別為《慢報》設計了一種紙桶包裝，同時也跟超商洽談行銷通路的合作，但這件事情後來可能讓她賠了不少錢……。」[5]

此一刊物的出現，反映了台灣自一九八〇年代初期以來，逐漸甦醒的社會集體氛圍，無論在政治、經濟、文化等各方面皆出現了空前劇變。其後更因各種社會運動爆發、民間力量蠢蠢欲動，許多青年知識分子紛紛受到外來思潮啟蒙，都在尋找一個可突破的缺口，進而掀起一波波「回歸鄉土」的時代浪潮。《文化慢報》毋寧也適時呈現出一種

「有就報，沒有就不要亂報！」己巳年冬至前三日（1989年12月20日）民間美術發行《文化慢報》試刊號，庚午年立春後三日（1990年2月7日）正式出報。一年分二十四節氣出報，大寒、小寒休息不出報。

《文化慢報》外觀包裝採用瓦楞紙圓筒設計，自有一份儒雅、大方的氣息。（原件提供：孫其芳、Vicky）

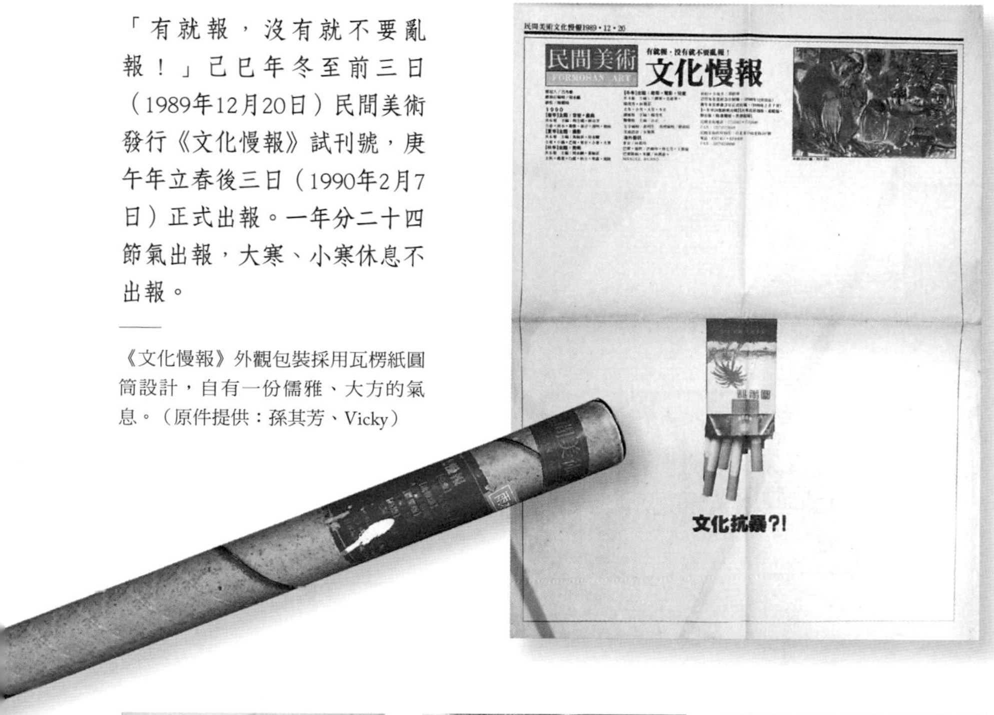

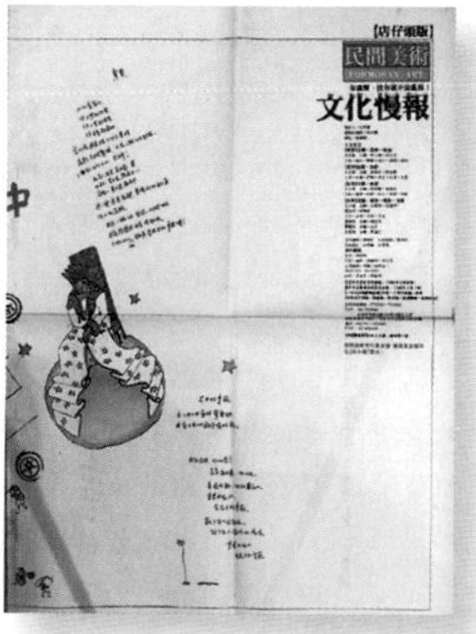

嚮往草根的、庶民的、前衛的氣息，報導內容囊括攝影、美術、音樂、戲曲、建築、電影與童話等豐富多樣的領域，版面分類命名亦別具巧思，比方「店仔頭版」、「搖籃版」、「野台版」、「路邊攤版」與「思想起版」等，頗有濃濃的復古風味。然而可惜的是，沒過多久，這份刊物即迫於銷售管道成效不彰以及財務經營等問題而停刊，前後存在時間大約一年。

製本的浪漫：從民間美術到大雁書店

執迷眷戀於手工書的製作，對呂秀蘭來說就像是一種自我療癒。

提到「書」（Book），一般讀者往往以為首要關注的是內容。然而，呂秀蘭卻另有獨到之見。在她眼中，構成一本書最重要的元素是紙，正因有了紙的存在，人類的文字與思想得以透過此一物質載體不斷流傳。而一本書質感的優劣，通常也取決於紙張原料及印刷品質，且反映了某種深層文化意涵。比方她採用大理「紮染花布」[6]作為封面書衣、裝訂製成了一部喚名為「布衣」的年曆筆記本，顧名思義有返璞歸真、淡泊平民之喻，令讀者賞玩再三，餘味無窮。

當你輕輕觸摸這些由棉紙製成的手工筆記書，那種具有明顯凹凸纖維紋理、既細緻又粗糙的手感氛圍，就是與一般紙感覺不一樣，總教人心中湧起一份淡淡的感動。懷抱類似癖嗜的「死忠」讀者，想必對於當年民間美術從內到外、瀰漫於冊頁之中如泥土般的溫潤氣味最是難忘。

一九八九，歲次己巳，蛇年。那年春夏，作家簡媜和張錯、陳義芝、陳幸蕙、呂秀蘭五人合辦「大雁書店」，接連出版了十種書，本本裝幀素雅、擲地鏗鏘，頗有一陣平地春雷之勢。彼時從紙張、封面到整體美術設計，皆交付呂秀蘭民間美術一手包辦。

「呂秀蘭善於把狂想落實在現實，在她心目中似乎沒有不可能的事情，」根據大雁發行人簡媜回憶：「她幾乎像一頭野牛，不可能也不可以被既定的柵欄圈住……她把一本書當作活的生命，能呼吸、能言談的生命，而不是一堆鉛字與幾根線條而已。面對這樣的人，我唯一能做的決定是：『把大雁當作妳的，愛怎麼玩就怎麼玩』！」[7]

誠如簡媜宣稱：「做出版，必須感情用事。」彼時某一日午後在民間美術工作室，簡媜、呂秀蘭與她的工作夥伴林煥盛三人同坐在地毯上想像書的臉譜：「可不可能一本書的封面、紙張，摸起來像嬰兒臉上的茸毛？」「很輕、很軟，隨便捲起來讀，手怎麼動書就怎麼捲！」「不要上光上得滑滑的，像泥鰍！」「不要五顏六色的，我希望簡單、樸素、有點古書的感覺！」「讓讀者先對書產生感情，再來讀書！」「要中國自己的味道。」[8]

因此，從造紙開始，他們便與長春棉紙行長期合作，不斷地嘗試、修整，最後終於順利製作出適用於大雁書籍封面與內頁的理想手工造紙。其中【大雁經典大系】包括卞之琳《十年詩草》、馮至《山水》、何其芳《畫夢錄》與辛笛《手掌集》等一九三〇年代中國現代詩壇赫赫有名，而台灣讀者卻緣慳一面的金石之作。其封面皆採用帶有草紋的松華紙，內文則用正反面粗細不同的山茶紙，每種書共印二千冊。另一【大雁當代叢書】系列，則以簡媜的《下午茶》與《夢遊書》，以及席慕蓉的《寫生者》、陳義芝的《新婚別》等台灣當代名家作品為主，封面為鯉紋雲龍紙、內頁海月紙，甚至每本書的裝訂與裱褙都是由手工慢慢糊出，部部版刷精美、古雅脫俗，儼然一派線裝書風味。

當年大雁產製的書冊質感精緻，堪稱「台灣出版物最好的用紙和裝幀」，從一九八八年草創，乃至一九九三年歇業，短短五年間共出書十四本[9]。如此耗時費心的製作毋寧投進了極高的成本與熱情，可惜的是，由於不諳出版通路經營、缺乏市場行銷概念，加上出書成本太高（然每本定價不超過二百元，甚至一次購全【大雁經典大系】四本不僅享

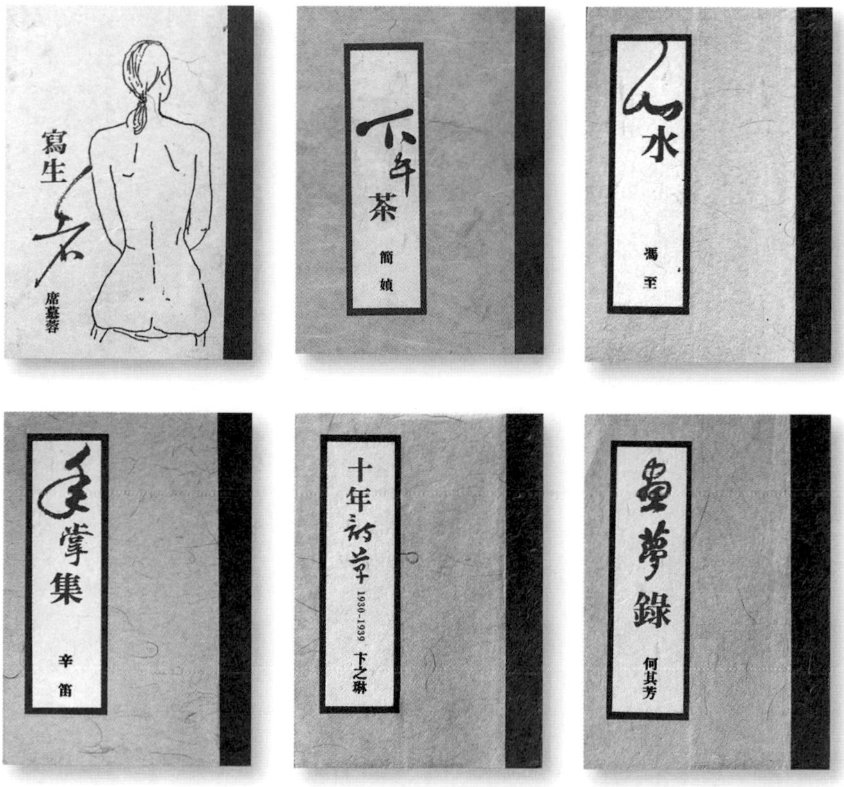

《寫生者》，席慕蓉著，1989，大雁書店
《下午茶》，簡媜著，1989，大雁書店
《山水》，馮至著，1989，大雁書店
《手掌集》，辛迪著，1989，大雁書店
《十年詩草》，卞之琳著，1989，大雁書店
《畫夢錄》，何其芳著，1989，大雁書店

封面設計：呂秀蘭

八折優惠，還贈送絹印胚布書袋），致使財務資金嚴重透支、入不敷出。原有的小眾讀者市場短期內難以擴大，書店的退書量日增，最終難以為繼，因此結束了一場作家文人偕手鬻書從商的出版夢。

話說「命運起落，禍福難料」。大雁書店結束之後，又隔了許多年，這些書籍輾轉流通到舊書二手市場，如今都成了藏書愛好者爭相競逐、行情水漲船高的珍藏稀本。無論哪個年代，當真確是「書籍自有它們的命運」。

「紙路」尋蹤：因喜愛紙而學造紙

「你要用心去觀察思索，一把青菜從農地拔下來，擺在市場上跟你見面讓你買回家的這個過程，然後再回頭反省我們怎麼做一本書拿到市場去賣。」[10]呂秀蘭如是說道。

舉凡大雁書店令人驚豔的手工裝幀文學書，抑或民間美術廣受青睞的年曆筆記本，所使用的棉紙原料概皆以復育傳統的純天然植物染料萃取製成，手感細柔、色澤如絲，而在取材研製的過程中，呂秀蘭也試圖尋找出一條與自然和諧相處的共生之道。

民間美術使用大理「紮染花布」作書衣、裝訂製成了一部年曆筆記書，取名為「布衣」。書內一隅刊印著關於這件布衣染色植物的說明：布衣染料為板藍根。中藥名，十字花科植物，菘藍的根。性寒，味苦。功能清熱，涼血，解毒。主治熱病，發斑，咽喉腫痛及丹毒等症。（原件提供：王鎮華）

《布衣》年曆筆記書，1992，民間美術

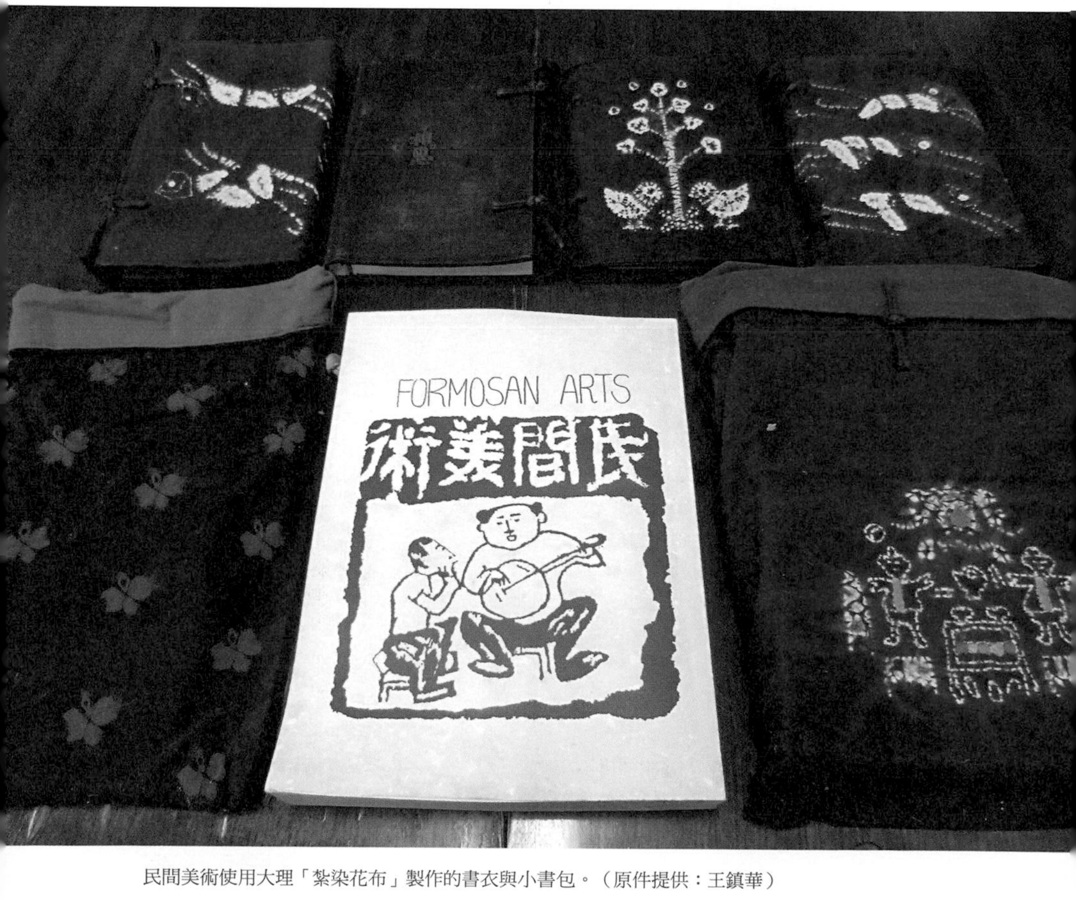

民間美術使用大理「紮染花布」製作的書衣與小書包。（原件提供：王鎮華）

為了尋找心目中既不會對自然環境造成汙染、且又蘊含傳統與當代人文精神的理想用紙，呂秀蘭經常透過旅行及閱讀拓展眼界、反覆求索。

一九九〇年，她在法國巴黎一個舊書攤買到一本中國大陸早期出版的《中國造紙技術史稿》，書中約略提到植物造紙技術。「因為不小心買了這本書，也就不小心來到了金沙江岸的『造紙小村』。」呂秀蘭說：「書上記錄的這些地方，後來我都去找過了，但是文革之後，這些地方的文明技術大部分都被毀了。即使有些地區在文革之後恢復造紙事業，但大部分也都成了機械化的製品。」[11]

於是，她從巴黎的書攤追到雲南昆明，又追到大理「三月街」，終於在金沙江岸附近山區找到了一偏僻聚落。

根據呂秀蘭的訪查，這一群生活在金沙江岸的村民隸屬白族，世代皆以造紙為生，所造的紙張用來與其他村落居民交換白米或日用品，三個村落總計約兩三千人，幾乎每個人都擁有熟練的造紙技術，且自清代以降即為向朝廷朝貢紙張的造紙重鎮。

民國以後，這些古老的造紙技術逐漸失落，經過呂秀蘭鍥而不捨的探尋，遂讓此一幾乎快要成為絕響的傳統工藝絕活得以重現於世。

當時，她毅然決定先在村裡住下，然後費近一年時間，耐心說服並出資聘雇當地村民

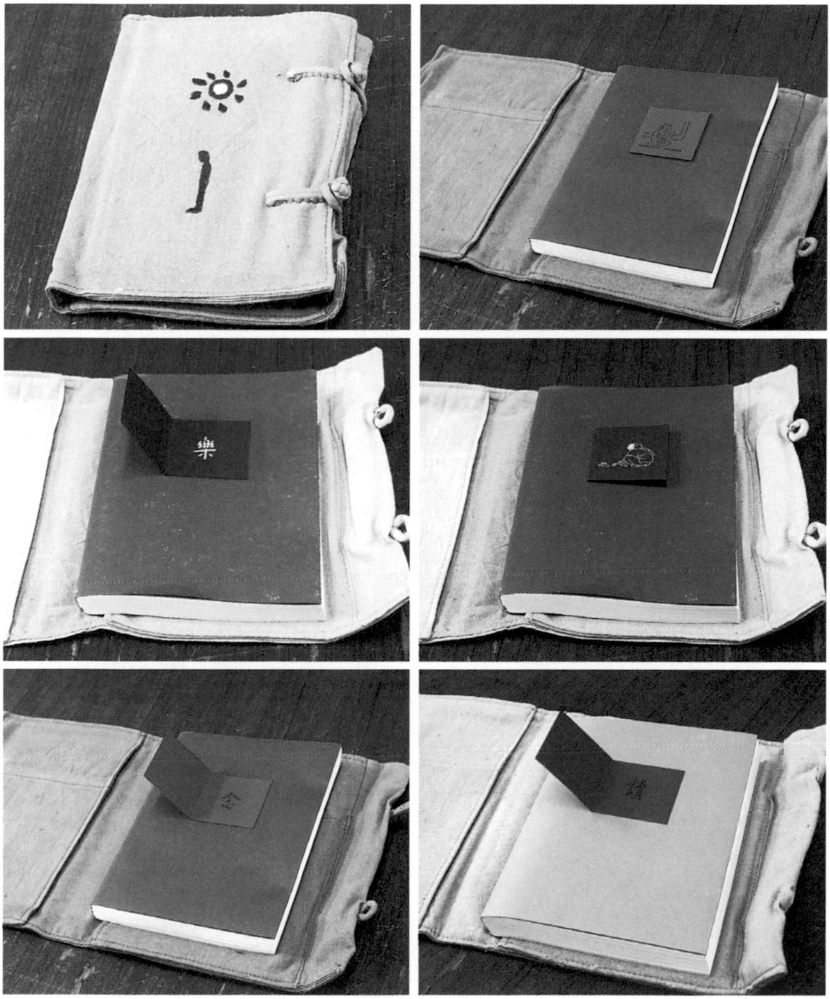

「念」、「讀」、「樂」：民間美術一系列翻頁小卡片的筆記書。封面一字之喻，韻味無窮。（原件提供：王鎮華）

栽種原料植物、試驗染色及造紙，引導他們使用傳統手工方式製作出柔韌綿薄、宣稱生產過程零污染的「三村箋」[12]。

有趣的是，由於每名工匠抄紙時的水質、溫度、染料，以及個人情緒、身體和手感等方面的細微差異，都會在每張紙上留下不同痕跡，包括每根纖維、紋路和孔隙等，彷彿就像是會呼吸似的，充滿著鮮活的個性，因此每一張紙毋寧都有著獨一無二的手工質感，以及造紙人的心血澆灌其中。

正所謂「紙有魂，物有靈」，使用這些「會呼吸」的紙張為原始材料，呂秀蘭一一製成了民間美術匠心獨運的信箋、筆記本、年曆、日誌、手工書等，隨後更陸續發展出十餘種相關書物產品。另基於「紙、布同源」[13]的概念，除了金沙江岸的三村之外，在泰北靠近緬甸的地方，呂秀蘭也開發了占地將近二十公頃、規模相近的人力資源，進行布料實驗，後來甚至研發出百餘種以天然良性植物為染料的染色系統，接連開創了筆袋、書套、書包、名片夾、桌巾與布料等一系列草木染布文具製品，色澤繽紛、美不勝收。

一九九一年，呂秀蘭從雲南返台，旋即籌辦了一場別開生面的「紙路」觀念展。場內陳列的文字和圖片版面並不掛在牆上，而是長長地鋪在大廳中央。「我要讓參觀者改變繞牆走的習慣，」呂秀蘭語帶幾分幽默地說：「對養育萬物的土地，人們應當虔誠地低

民間美術

民間美術發行的年曆日誌、筆記本，皆是用以傳統手工方式製作的「三村箋」為原始材料，每一張紙的纖維、紋路及孔隙不同，造成了手感上的細微差異，就像是會呼吸似的，充滿鮮活的個性。（原件提供：王鎮華）

路
我想有一天,我將找到一種方式,
在一個像這樣的一本書裡面,做
一個屬於我自己的展覽。
1993年冬。

「我想有一天，我將找到一種方式，在一個像這樣的一本書裡面，做一個屬於我自己的展覽。」翻覽書頁的圖章上，印有一隻小毛驢，那是當年呂秀蘭在四川山區遇到的，隨即將牠買下用來搬運紙張並作為交通工具，後來便成了呂秀蘭心中象徵「紙路」的精神圖騰。

——

《結婚式》年曆筆記書，1994，民間美術

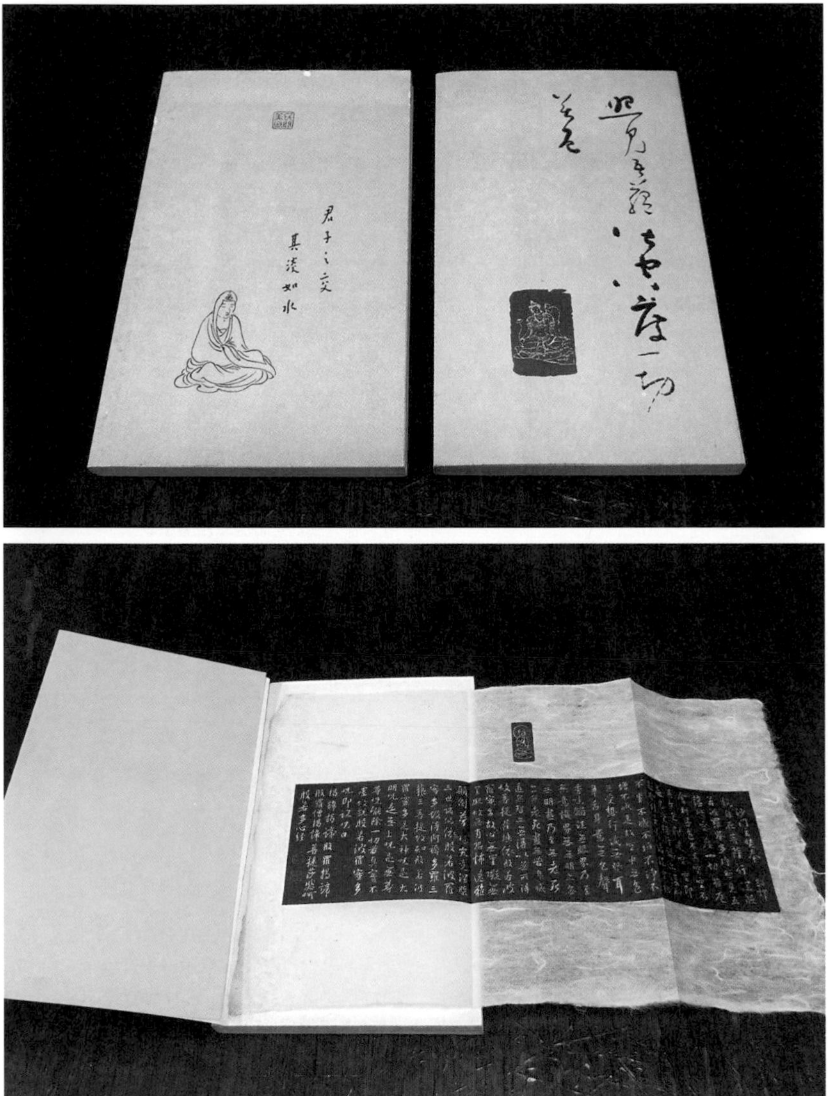

民間美術筆記書，在折頁上印製《心經》，攤開時尤可感受「三村箋」獨一無二的紙張質地。（原件提供：王鎮華）

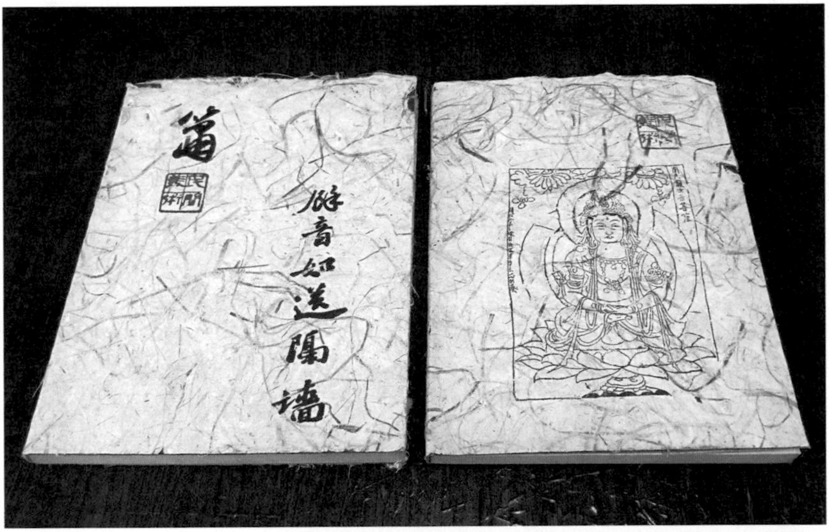

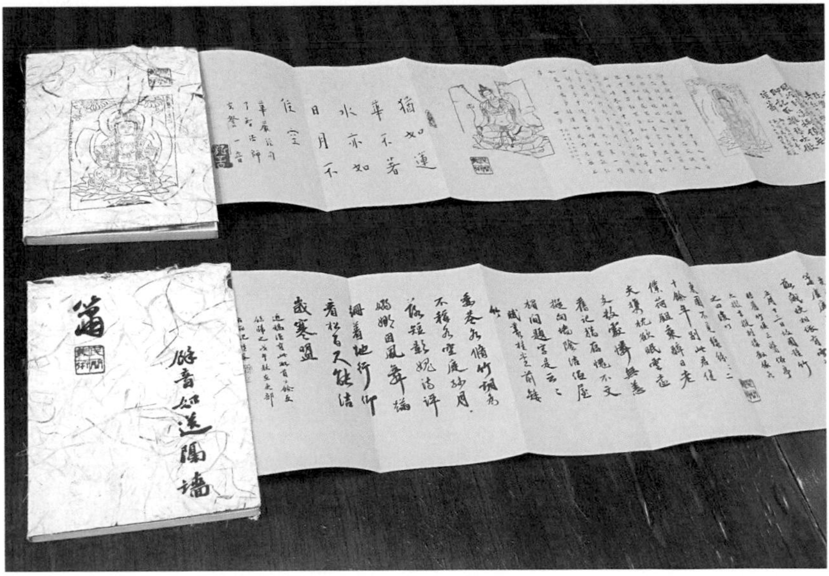

民間美術筆記書，折頁中所印的佛像乃是典藏於大英博物館的五代時期敦煌觀音菩薩像，書法則選自弘一法師遺墨。（原件提供：王鎮華）

下頭。」[14]這正是她平常走路的姿態。

儘管民間美術所研發的「三村箋」並未能完全重現當年許多早已失傳的中國古代名紙，但它至少找回了一個新的起點，為人們開闢了一條連結傳統與未來的「紙路」。民間美術不斷嘗試以「書」的形式，尋求零污染的造紙古法，借鏡傳統，走入民間，藉此推展手工生產和鄉土設計，同時作為解讀現代人生活處境與當下台灣社會文化的起點。

「創辦『民間美術』，我一直很認真做我覺得應該做的事。」呂秀蘭強調：「在這過程中，我學會了踏實與謙虛，學會了尊敬過去的人們，他們能在人與自然之間取得了一種比較友好的關係。」[15]相對於現今講究快速經濟效益、工業大量印刷的機械化模造紙，彼時民間美術不惟專注於復育古法造紙，亦從其造紙材料取用的過程中發展出一套「與自然共生」的精神原則，並由此樹立一套獨特的手工製本美學和裝幀典範。

針對早期一九八〇年代興起的環保概念，呂秀蘭反倒提出更深刻的質疑：「僅僅只要求把錯誤降到最低，難道就不是錯了嗎？」「不是！那一樣是錯的。」[16]呂秀蘭認為根本之道在於，你我應該回溯到環保口號出現之前，重新找回古早時代人們如何努力維繫著被大自然養育、彼此互利共存的生活態度及生存方式，這亦是對人類文明進行一種全面

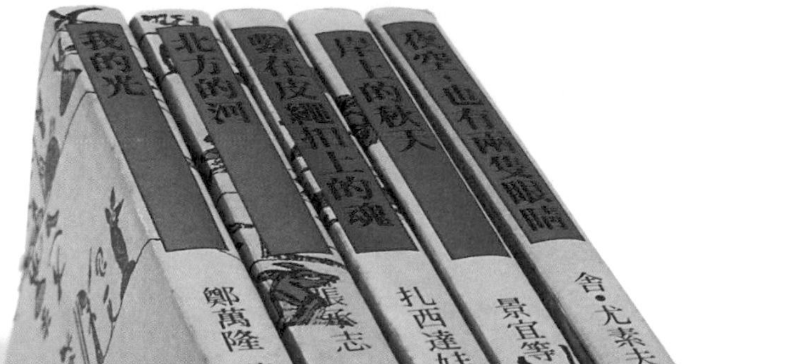

【當代中國大陸作家叢刊】「少數民族文學卷」系列，扎西達娃等著，1987，新地出版社， 封面設計：呂秀蘭

的重新檢討。

「生根的事得先在自身尋找種子。」呂秀蘭表示：「我的生活就過得非常簡單、樸素，包括人際關係。」[17]透過這樣簡樸自得的生活方式，儘管在現實當中依舊不時遭遇某些困難，卻更能獲得一種單純的快樂，並且也由於生活簡單，相對也易於從身邊一草一木得到啟發。

有句話說：「溯於母體，衍發於土地。」母親，在呂秀蘭內心深處是一個極深的根源。昔日曾與呂秀蘭亦師亦友的王鎮華回想起一則小故事：「有一次她母親從淡水去看她（指呂秀蘭），就拿了自己家裡田裡面的蔬菜，她不吃的……，她捨不得去吃這個菜，於是就放在那邊看，一直看到爛。」王鎮華娓娓道來：「那個東西對她來講，其實就是她母親對她的關懷。另外，當時阿蘭的工作室裡還有一張全開的海報，是用再生牛皮紙印製的，上面印著她母親的圖像，我看到以後眼淚都快掉出來了。」[18]

從土地長出來的文化最為動人。

回首顧盼民間美術，儼然就像是由呂秀蘭親自悉心刨土、耕耘、灌溉，供其文化美學滋長的一方土壤。而這塊土地，既能養出莊稼（生產手工筆記書、年曆等作品），同時也養人（培養人才）。

《壞女人和壞男人》，苦苓編，1990，派色文化，封面設計：呂秀蘭
《擁抱台灣》，蔡信德著，1990，派色文化，封面設計：呂秀蘭

衡諸島內當代藝文出版、設計美學的發展史，呂秀蘭完完全全就是一個道地的現代農人，她意欲銜接起過去匠人手藝的傳統，在工商業時代的市場環境下，努力遂行古早農業時代之事，期讓民間美術的每件作品，都蘊藏著土地的記憶、作者的感情，以及手感的溫度。

「所有傳統社會的古意，其實就是先知。」[19]王鎮華如此形容呂秀蘭。

從民間美術到《文化慢報》，雖僅存在短短十餘年（一九八八—二〇〇六）[20]，觀諸呂秀蘭的種種事蹟與工作思維，無疑都跟她自身的成長環境、生態理念緊密結合，甚至要比現在的人走得更遠、想得更深。探究其源頭活水，即在於復甦傳統、發掘歷史，這亦是能夠超越時空、歷久彌新的。

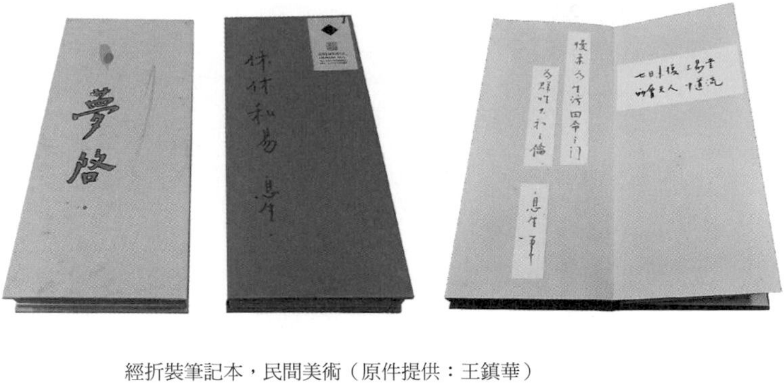

經折裝筆記本，民間美術（原件提供：王鎮華）

註釋

1 為中國古代書籍法帖裝裱形式之一，主要將一幅圖書長卷沿版面間隙，一反一正地折疊起來，首末二頁各加以硬紙裝訂，又稱「折子裝」，佛教經典多用此式。

2 簡媜，一九八九，〈粗茶淡飯——順道說說大雁的逸事〉（序），《下午茶》，台北：大雁書店，頁一七。

3 引自《索章三的書》，一九九〇冬紀念刊本，民間美術企劃製作。

4 夏瑞紅，二〇〇一，〈呂秀蘭式革命〉，《講義》第一七三期，頁一四六—一五一。

5 訪王鎮華談呂秀蘭，二〇一五．九．十五，於新北市永和區「德簡書院」自宅。

6 流傳在雲南大理地區的一種民間工藝，廣泛應用於布料染色和圖案製作，古稱紮纈、絞纈、夾纈和染纈，大理人則俗稱為疙瘩花布或疙瘩花，染色時將布緊緊紮起，紮綁處因染料無法滲入而形成自然特殊圖案，主要使用板藍根及其他天然植物進行染色，故成品大多為藍白色，一般既不會褪色，也不會對人體造成傷害。

7 簡媜，一九八九，〈粗茶淡飯——順道說說大雁的逸事〉（序），《下午茶》，台北：大雁書店，頁二三。

8 簡媜，一九八九，〈粗茶淡飯——順道說說大雁的逸事〉（序），《下午茶》，台北：大雁書店，頁二一—二三。

9 包括【大雁經典大系】的卞之琳《十年詩草》、馮至《山水》、何其芳《畫夢錄》、辛笛《手掌集》、《回憶父親豐子愷》，以及【大雁當代叢書】的簡媜《下午茶》、席慕蓉《寫生者》、鄭寶娟《單身進行式》、陳義芝《新婚別》、陳幸蕙《被美撞了一下》、張錯《檳榔花》、羅自平《霜葉紅於二月花》、許慧嫻《畫眉深淺入時無》、簡媜《夢遊書》共十四本。

10 夏瑞紅，二〇〇三，〈漫溯生命的源頭——呂秀蘭用「民間美術」向紅塵托缽〉《人間大學：十五則來自不同生命體的故事》，台北：經典雜誌社，頁五九。

11 周月英，一九九二，〈重返自然的造紙藝術——訪「民間美術」負責人呂秀蘭〉，《廣告雜誌》第十七期，頁四九—五三。

12 根據民間美術發行產品文案解說：「三村箋」乃是利用漢代和唐代時期的造紙技術製成的一種手抄紙，主要原料為麻、桑、楮，由西藏、雲南邊境金沙江岸一偏僻小村落的少數民族生產。

13 意指用於造紙及織布的原料，皆來自棉、麻、亞麻、黃麻、苧麻、劍麻等作物的植物纖維提煉而成。

14 郭淨，一九九三，〈做書的呂秀蘭〉，《讀書》第一七五期，北京：三聯書店。

15 呂秀蘭，一九九六，〈回歸原點，紙布為路〉，《人生雜誌》第一五七期，頁四四—四七。

16 呂秀蘭，一九九六，〈回歸原點，紙布為路〉，《人生雜誌》第一五七期，頁四四—四七。

17 呂秀蘭，一九九六，〈回歸原點，紙布為路〉，《人生雜誌》第一五七期，頁四四—四七。

18 訪王鎮華談呂秀蘭，二〇一五．九．十五，於新北市永和區「德簡書院」自宅。

19 訪王鎮華談呂秀蘭，二〇一五．九．十五，於新北市永和區「德簡書院」自宅。

20 民間美術後期經營大約自二〇〇六年以後逐漸從市場退出，關於呂秀蘭選擇隱退有諸多說法，至今仍莫衷一是，眾說紛紜。

呂秀蘭　年譜

一九六一　出生於淡水鎮水碓里，家中以務農為業。

一九八二　國立藝專美術印刷科畢業，隨即進入雄獅美術公司任職。

一九八五　前往英國倫敦旅居三個月，因在大英博物館觀看敦煌大展而深受感動，並以場內展出一張菩薩畫像上題署古代匠人「索章三」為筆名，藉此提醒自己「要當得起默默無聞的普通人」，而且要永遠「一心一意」。

一九八八　接受新地文學基金會委託，為其主辦的「第一屆當代中國文學國際學術會議」設計海報，並以購自長春棉紙行庫存十餘年的長纖維手工紙進行印製，頗受好評，從而開啟研究紙張的興趣。其後，創辦「民間美術」工作室，開始致力於探索古代造紙方法，同時推出第一批「棉紙年曆」作品。七月，與作家簡媜、張錯、陳義芝、陳幸蕙合辦大雁書店，從創辦到結束的五年間（一九八八—一九九三）陸續出版【大雁當代叢書】和【大雁經典大系】共十四種文學書，由簡媜擔任發行人、呂秀蘭擔綱設計總監。

一九八九　號召一群文化界朋友共同出版發行一份以二十四節氣為出刊日期的評論刊物《文化慢

民間美術的主要成員：右起：掌管財務的呂秋燕、呂秀蘭、負責外務的黃明生，以及助理蔡志賢。攝於1990年代初期。（王鎮華提供）

報》。

一九九〇　遊歷法國期間，在巴黎的舊書攤上買到一本中國大陸一九五〇年代出版的《中國造紙技術史稿》，從此益發醉心於鑽研造紙藝術。

一九九一　造訪雲南昆明邊境的金沙江岸、隸屬白族的「三村」造紙村落，一年之內陸續出入五、六回，返台後隨即籌辦「紙路」觀念展。

一九九二　在西藏邊境尋訪到一個幾近絕亡的少數民族「納西族」，並找到當地唯一一位熟悉該族造紙技術的「東巴」（該族古代貴族階級）。

一九九三　企劃發行民間美術年曆，並且附帶一卷記錄「造紙的聲音」錄音帶，讓讀者藉由聽覺感受造紙的過程。

一九九五　應誠品書店年度耶誕卡展之邀，民間美術開始嘗試卡片設計。

一九九六　民間美術工作室從台北東區搬遷到淡水。

二〇〇六　當年度民間美術年曆記事簿停止出版。

二〇一〇　國立暨南國際大學通識教育中心於五月三日至二十八日在人文藝廊第一展覽室舉辦「問候．平安——『民間美術』絕版藏品回顧展」，共展出手工紙品、紮染布品、書包、筆袋、民間趣味問候卡、萬用卡與筆記本、經摺等經典作品近兩百件。

民間藝術
年曆1991
歲次辛未・羊年

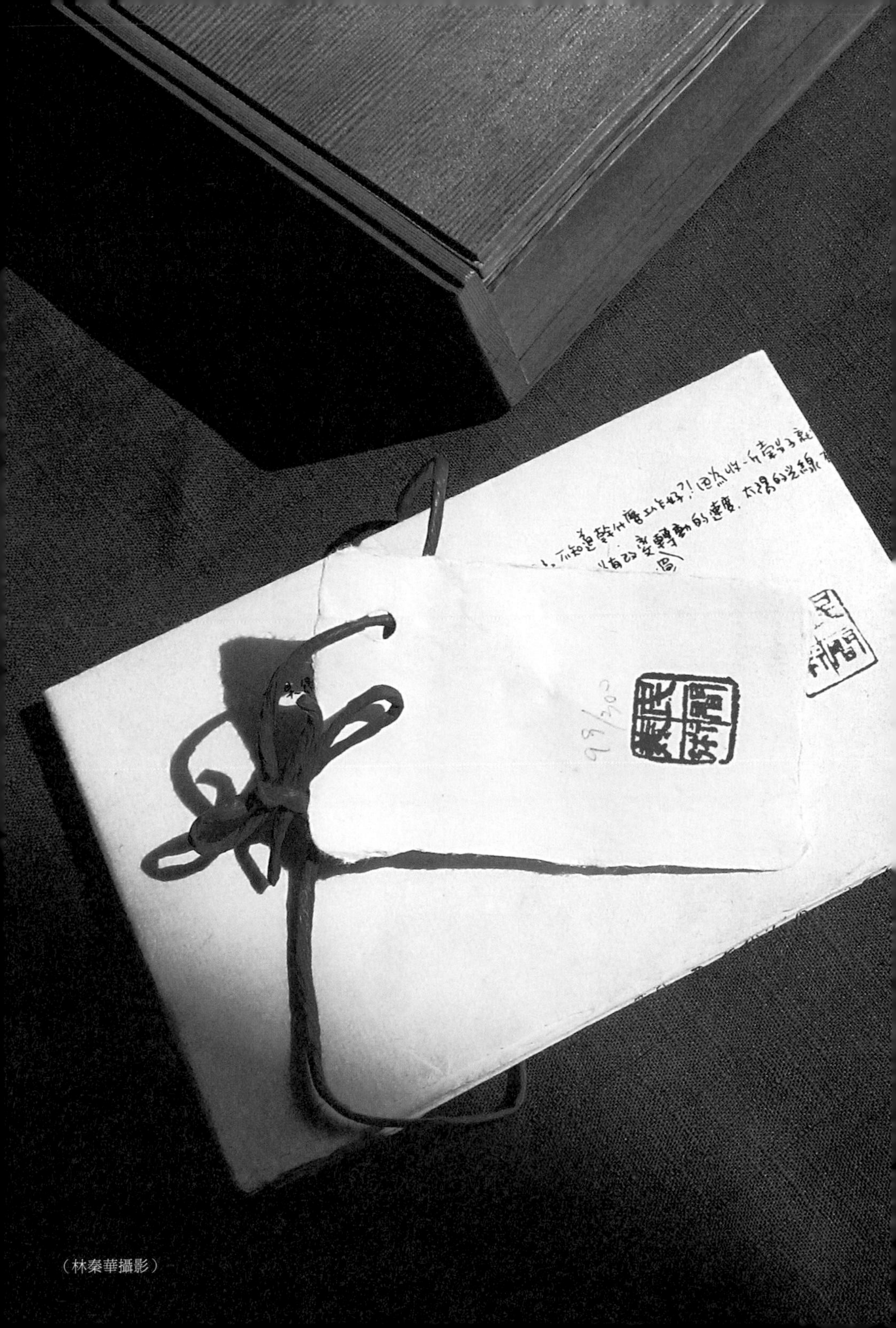

（林秦華攝影）

後記 誌謝

書籍裝幀與人們對書的熱愛往往是密不可分的。

但凡愛書戀書之人大抵深信，每本書裡都住著靈魂，其印刷紙張與裝幀工藝就像是魔法般，一頁頁翻開，反覆摩挲、耽溺於一種極其私密的觸感和溫度，微聞那印刷油墨深深地嵌進紙張纖維的氣味，彷彿便可聽見它們在耳邊低鳴，傳到心坎裡去。

遇見一本裝幀細緻、美麗的書總能讓我細究許久，倘若是有來頭的、有故事淵源的書，那更是人欲罷不能了。

猶然想起過去這幾年，每當我受邀前去各地城市或學校演講，總要抽空走訪當地的書店，偶然間的書緣和際遇雖各不同，倒也引我逐漸尋獲、累積了一些台灣早期裝幀設計獨具風格而令人驚豔之書，同時更為我帶來許多美妙的回憶和樂趣。

這些有緣搜得的舊書，既屬於它曾經所在的時代，又能經得起日後歲月的淘洗，跨越當前的時空，乃至於參照今日的某些書籍裝幀，竟還不及當年樸拙素雅的封面設計來得有感染力。

所幸，在網路傳播快速、紙本閱讀被視為愈來愈不合時宜的當下，仍有許多愛書人兀自追求著淘書、讀書的樂趣，並且透過紙本書的裝幀印刷、版本的考掘，解讀一個時代的文化現象。

且看拙著《裝幀列傳》一書輯錄這些戰後一九七〇年代到九〇年代期間的封面設計，不禁令人懷想昔日紙本書籍手作氣味的獨一無二，包含它在歷史上的發展足跡，以及裝幀外觀的各種形制變化。翻看其筆下線條流轉、印刷裝訂的紙上技藝雖僅在方寸之間，但觀作品背後所隱含獨特而豐富的文化內涵，卻宛如書海浩瀚、天地遼闊。

對此，首先我得要誠摯地感謝《裝幀列傳》書中願意親自接受訪談的諸位傳主：黃永松、王行恭、霍榮齡、李男、林崇漢與徐秀美等早期台灣美術設計界的前輩們，以及在採訪過程中協助還原歷史記憶，並且不吝提供許多回憶紀錄——包含早期的老照片與其他相關文件史料的阮義忠、霍鵬程、郭英聲、王鎮華、林永欽等諸位老師，還有熱心而大方相贈、出借《文化慢報》的Vicky與孫其芳小姐，另外也要謝謝「漢聲巷」店長鄭美玲、編輯部羅敬智的居中聯繫與熱切招待。

再者，我要特別向已故美術設計家凌明聲的夫人李紹榮女士，以及他的女公子凌嘉小姐致謝，感謝妳們多年來悉心保存了凌明聲生前完整的照片影像、圖文手稿和新聞剪報等珍貴資料，同時也相當熱心地提供了諸多訪談上的協助，使我在個人能力極為有限的條件下，得以盡可能呈現當年歷史的精采面貌。

非常謝謝前輩設計師劉開，我永遠記得那天下午到您工作室拜訪、彼此聊天的一席話，至今仍令我頗受啟發、感悟良多。但很可惜的是，直到最後我都無法説服您接受進一步的深度訪談、並且寫入書中，乃為這部《裝幀列傳》最大的遺珠之憾。

然而，我也能夠理解，所謂的愛書人，莫不希望擁有一個靜謐的空間，僅跟自己對話，抑或將那個不願曝光的自己，藏身在他人不知的角落。但只要隨身帶著一本書，就有了某種厚實的安全感，時間便在安適中靜靜地流淌。

於此，我更要由衷地感謝能夠在百忙之中替拙作撰寫序文的諸位作者：身兼教師、設計師與策展人的李根在兄，以及這十多年來在寫作路上持續給予支持和鼓勵的「舊香居」女主人雅慧（吳卡密）。

謝謝「舊香居」書店友人梓傑、浩宇、小琍以及吳伯伯在平日店內下午茶時間的閒聊漫談與殷殷關切。

最後，我必須衷心地感謝遠流出版公司總編輯黃靜宜對於拙作的關愛和用心良苦，執行主編蔡昀臻於編輯過程中費心替全書潤飾書稿、修整枝葉，並且不斷協調溝通諸多繁瑣的出版事宜。除此之外，美術設計林秦華獨出構思的內文排版與封面設計更賦予了這部《裝幀列傳》一幅清新而雋永的裝幀面貌，我由衷地向各位致上最誠摯的謝意。

常言道：設計的藝術真諦是不能教的，它只能從過去的經典當中被發現。正是在前人豐厚成就的激勵下，新一代設計師才能體會什麼是「任重道遠」。

參考文獻與圖片來源

◎王力行，一九八七・五，〈鏡頭詮釋大地——阮義忠的蛻變歷程〉，《遠見雜誌》第一一期，台北：天下文化。
◎王行恭編纂，一九九二，《日據時期臺灣美術檔案：臺展府展臺灣畫家西洋畫、東洋畫圖錄》，作者自印。
◎王哲雄，一九九〇・八，〈憂鬱美學的新圖象——評徐秀美近作展〉，《藝術家》第一八三期，台北：藝術家雜誌社。
◎王蕾雅，二〇〇三，《徐秀美插畫風格分析與時代意義》，台北：國立台灣科技大學碩士論文。
◎民間美術企劃製作，一九九〇冬紀念刊本，《索章三的書》，台北：民間美術有限公司。
◎民間美術企劃製作，一九九四，《結婚式》年曆筆記書，台北：民間美術有限公司。
◎李男，一九六九・十，〈二又二分之一的神話〉，《幼獅文藝》第一九〇期，台北：幼獅文化。
◎李男，一九七七，《三輪車繼續前進》，高雄：德馨室出版社。
◎李志銘，二〇一〇，《裝幀時代：台灣絕版書衣風景》，台北：行人文化實驗室。
◎李志銘，二〇一一，《裝幀台灣：台灣現代書籍設計的誕生》，台北：聯經出版社。
◎呂秀蘭，一九九六・九，〈回歸原點，紙布為路〉，《人生雜誌》第一五七期，香港：人生雜誌社。
◎吳美雲總編輯，一九九七，《漢聲100：主題・目錄・序・論・索引》，《漢聲雜誌》第一〇一—一〇二期，台北：漢聲雜誌社。

◎杉浦康平編著，楊晶、李建華譯，二〇〇六，《亞洲之書．文字．設計：杉浦康平與亞洲同人的對話》，台北：網路與書出版。
◎周月英，一九九二．九，〈重返自然的造紙藝術——訪「民間美術」負責人呂秀蘭〉，《廣告雜誌》第一七期，台北：廣告雜誌社。
◎卓芬玲，一九九三．九，〈毫釐之美開啟新天地——插畫家吳璧人與首飾設計〉，《婦友》雙月刊革新號第八四期，台北：婦友月刊社。
◎林欣誼，二〇〇九．九．十三，〈巨大的陳映真——永遠的人間風格〉，《中國時報》開卷版，台北：中國時報社。
◎林清玄，一九八二，〈像隱逸告別——與林崇漢對談〉，《在刀口上》，台北：時報出版社。
◎青海，二〇一四．四，〈吳璧人——穿裙子的彼得．潘〉，《南方人物週刊》，中國廣東：南方報業傳媒集團。
◎郭淨，一九九三．十，〈做書的呂秀蘭〉，《讀書》第一七五期，北京：三聯書店。
◎徐秀美，二〇一〇，《徐秀美個展——藝術的「空．間．謎．變」》，台北：大琳藝術工作室。
◎凌明聲，一九七七．五．二十六，〈心與眼的結合〉，《中國時報》，台北：中國時報社。
◎凌明聲，一九八九，〈裝甲兵的驕傲——凌明聲的年少歲月〉，《少年十五二十時》，台北：正中書局。
◎高信疆，二〇〇六，〈山奔海立．縱橫八荒——回首與林崇漢共事的日子〉，《諸神黃昏：林崇漢作品集》，台北：聯合文學出版。
◎陳泰裕主編，二〇〇一，《聯副插畫五十年》，台北：聯合報社。
◎奚淞，一九七九．七．十八，〈美麗的山河，我們愛妳！與《漢聲雜誌》發行人黃永松談報導攝影〉，《中國時報》第三五版「人間副刊」，台北：中國時報社。

◎奚淞，一九八七，《姆媽，看這片繁花》，台北：爾雅出版社。
◎索章三著，一九九四，《在愛情的屋簷下打零工》，台北：民間美術有限公司。
◎夏瑞紅，二〇〇一．八，〈呂秀蘭式革命〉，《講義》第一七三期，台北：講義堂。
◎夏瑞紅，二〇〇三，〈漫溯生命的源頭——呂秀蘭用「民間美術」向紅塵托缽〉《人間大學：十五則來自不同生命體的故事》，台北：經典雜誌社。
◎袁嘏鼎，二〇〇七，《變形蟲設計協會研究》，台北：國立台灣科技大學設計研究所碩士論文。
◎席德進，一九七〇．十，〈阮義忠的線畫：自我心靈的獨白〉，《大學雜誌》第三四期，台北：大學雜誌社。
◎張瑩，二〇一五．九．二十四，〈台灣的攝影教父阮義忠：以談戀愛的心情看眼前事〉，《深圳商報》，中國廣東：深圳報業集團。
◎張瓊慧總編輯，二〇〇三．十，《從傳統出發的文化創意產業05——黃永松與漢聲雜誌》，宜蘭：國立傳統藝術中心。
◎曾淑美，二〇〇九．九，〈陳映真先生，以及他給我的第一件差事〉，《文訊》第二八七期，台北：文訊雜誌社。
◎曾堯生，一九九八，《商業設計教戰手冊3——封面設計》，台北：世界文物出版社。
◎黃湘娟訪談凌明聲，一九八六．十，〈惡補的聯想——現代人與多元化生活〉，《雄獅美術》第一八八期，台北：雄獅美術月刊社。
◎楊國台，一九七四．十一，〈中韓心象藝術大展〉，《幼獅文藝》第二五一期，台北：幼獅文化。
◎楊國台，一九七八．五，〈從反常出發〉，《設計人》第一三期，台北：國立藝專美工科美工學會發行。
◎楊國台，一九八七．四，〈創作隨想〉，《印刷與設計》第十期，台北：印刷與設計雜誌社。

◎楊國台總編輯，一九九五，《中韓交流二〇週年紀念專輯 一九七四—一九九四》，台南：中華民國變形蟲設計協會。

◎積木文化編輯部企畫製作，二〇〇八，《好樣：台灣平面設計14人》，台北：積木文化。

◎賴瑛瑛，一九九六．四，〈從頹廢虛無到文化紮根——黃永松〉，《藝術家》第二五一期，台北：藝術家雜誌社。

◎霍鵬程編著，一九八一，《亞洲設計名家》，台北：圖案出版社。

◎霍鵬程，一九八九．十二．十五，〈傳承與創新的楊國台〉，《台灣時報》副刊，高雄：台灣時報社。

◎霍榮齡策劃、尹萍撰著，二〇一五，《凝視：霍榮齡作品》，台北：遠流出版公司。

◎謝義鎗，一九八一，〈一個藝術家、設計家和詩人〉，《設計界》雜誌第八期，台北：中國美術設計協會。

◎謝義鎗，一九八七．十二．十八，〈匠心獨運楊國台〉，《台灣時報》副刊，高雄：台灣時報社。

◎簡媜，一九八九，〈粗茶淡飯——順道說說大雁的逸事〉，《下午茶》，台北：大雁書店。

◎藍漢傑，二〇一三．五．二十三，〈留住雲端風景——阮義忠〉，《明報週刊》第一六九期，香港：萬華媒體出版。

◎羅青，一九七六，《羅青散文集》，台北：洪範書店。

◎蘇宗雄，一九八二．三，〈線條與渲染交織出的『徐秀美風格』〉，《藝術家》第八二期，台北：藝術家雜誌社。

◉圖片來源—本書內頁凡未特別標註出處與原件提供者之書影、海報、文宣、音樂專輯封面與圖像等檔案，皆為作者提供。

國家圖書館出版品預行編目（CIP）資料

裝幀列傳：迎向書籍設計的狂飆年代 /
李志銘著. -- 初版. -- 臺北市：遠流, 2016.12
面； 公分. -- (Taiwan style ; 44)
ISBN 978-957-32-7919-8(平裝)

1.圖書裝訂 2.設計 3.人物志
477.8099 105020848

Taiwan Style 44

裝幀列傳

迎向書籍設計的狂飆年代

作者 李志銘

編輯製作 台灣館
總編輯 黃靜宜
執行主編 蔡昀臻
美術設計 林秦華
校對 陳錦輝
企劃 叢昌瑜、葉玫玉

發行人 王榮文
出版發行 遠流出版事業股份有限公司
地址 台北市100南昌路二段81號6樓
電話 (02) 2392-6899
傳真 (02) 2392-6658
郵政劃撥 0189456-1
著作權顧問 蕭雄淋律師
初版一刷 2016年12月1日
定價 550元

有著作權. 侵害必究
Printed in Taiwan
ISBN 978-957-32-7919-8
遠流博識網 http://www.ylib.com E-mail: ylib@ylib.com